少女的洋装衣橱

洛丽塔手作基础版型与裁剪教程

易乐 易凌泽 编著

人民邮电出版社

北京

图书在版编目（CIP）数据

少女的洋装衣橱　洛丽塔手作基础版型与裁剪教程 /
易乐，易凌泽编著. -- 北京：人民邮电出版社，2023.8
ISBN 978-7-115-60837-6

Ⅰ. ①少… Ⅱ. ①易… ②易… Ⅲ. ①女服－服装设
计－教材 Ⅳ. ①TS941.717

中国国家版本馆CIP数据核字(2023)第024481号

内 容 提 要

本书系统全面地讲解了洛丽塔洋装的基础版型制作和缝纫过程。全书共17章内容。第1章介绍了洛丽塔洋装的发展、主要特征和主要风格；第2～5章讲解了制版的基础知识，让新手能够快速上手服装制版方面的技巧；第6～16章详细讲解了11款不同风格的洛丽塔洋装的制版和缝纫方法，每一个案例都具有很强的实操性；第17章则介绍了搭配洛丽塔洋装的装饰小物的制作方法。

本书适合复古洋装爱好者、洛丽塔洋装爱好者及服装学院的学生阅读。

◆ 编　著　易　乐　易凌泽
　　责任编辑　王　铁
　　责任印制　周昇亮
◆ 人民邮电出版社出版发行　　北京市丰台区成寿寺路 11 号
　　邮编　100164　电子邮件　315@ptpress.com.cn
　　网址　https://www.ptpress.com.cn
　　涿州市般润文化传播有限公司印刷
◆ 开本：787×1092　1/16
　　印张：12　　　　　　　　　　2023 年 8 月第 1 版
　　字数：307 千字　　　　　　　2025 年 2 月河北第 5 次印刷

定价：119.90 元

读者服务热线：(010)81055296　印装质量热线：(010)81055316
反盗版热线：(010)81055315

前言

我从小就很喜欢做衣服，曾用家里的老式缝纫机给布娃娃和自己做衣服。不同的着装具有不同的风格，甚至会改变穿衣者的气质。设计好衣服，然后看到别人穿上它变得更加自信、快乐，这种创造美的过程给我带来一种非常奇妙的成就感。

我在大学学的是服装设计，工作后负责过女装和童装的设计。有一段时间微信公众号比较流行，我也开始运营微信公众号，主要用来记录和分享自己的作品。再后来在读者的鼓励下，我又慢慢建了群和大家一起交流。群里有人谈论起洛丽塔洋装，没想到做这个类型服装的人还挺多，不光有小女生，也有宝妈们给自己做、给宝宝做。当时流行的甜美风洛丽塔洋装非常可爱，看到有人穿着洛丽塔洋装拍出的可爱美照时，我是真的能感受到那种美好。

那个时候，很多小伙伴觉得洛丽塔洋装做起来比较复杂，就不愿尝试，实际上洛丽塔洋装除去各种装饰，本身的版片并不太复杂。我开始研究并制作了一些没有那么多花边和小物的洛丽塔洋装的教程，以便大家了解它的基础版型，期望更多人能够参与进来一起创作。

随着一起做洛丽塔洋装的小伙伴越来越多，我发现市面上的相关书籍大多是日文的，很难找到一本中文的。群里小伙伴每次拿出日文的书来问我问题的时候，我只能解决版片相关的问题，文字内容只能用翻译器查看，但是由于翻译质量不佳，大部分内容只能靠猜。从那个时候开始，我就想出版一本洛丽塔洋装制版书，为想学习洛丽塔洋装制版的小伙伴提供一些易理解的内容。

本书包括 11 种版型的洛丽塔洋装，以便让小伙伴了解更多不同的版型，了解并学会了这些基础结构，后续自己做的时候可以对部分结构进行拆解、组合，加上各种装饰和搭配，就能做出各种类型的洛丽塔洋装了。

希望本书的内容对您来说是有用的，也期望您能喜欢和学会本书的内容。其实版片只是基础，要想把洛丽塔洋装做得好看，更重要的是布料的色彩搭配和各种装饰小物的运用。期待您的作品。

目录

第 1 章

掀起复古风潮

复古洋装主要受到维多利亚时代及洛可可时期服装的影响，例如世界名画《蓬巴杜夫人》和《秋千》中的服装，如图 1-1 和图 1-2 所示。

图 1-1

图 1-2

洛丽塔洋装是复古洋装的重要代表。二十世纪七八十年代开始，日本社会开始追求一种回到开心快乐的童年的永恒之美，逐渐形成了一种卡哇伊（日语，可爱的意思）风格的热潮。受儿童服饰的启发和影响，一部分年轻人选择用蕾丝、荷叶边、薄纱等来显示自己心中的时尚。慢慢地，这种源于欧洲但又自行发展出可爱、甜美风格的女性服饰逐渐在日本盛行起来。在此后的几十年里，这种服饰逐渐在世界各地流行。特别是最近几年，洛丽塔洋装在中国也逐渐流行起来。

洛丽塔洋装吸收了许多时尚文化的特点，并创造了自己的风格。一般来说，洛丽塔洋装最主要的特征就是大裙摆，裙摆由内搭的衬裙或裙撑撑起来。人们在穿着洛丽塔洋装时，上身通常会搭配蕾丝装饰，还经常搭配假发、头饰；下身通常会搭配及膝袜与高跟鞋，或是带蕾丝的短袜和带蝴蝶结的平底鞋等。一件洛丽塔洋装可能看起来很复杂，但很多情况下是由穿衣人或制作人的想法决定的。图 1-3 所示为洛丽塔洋装。

洛丽塔洋装的另一大特征就是各式漂亮、有创意的印花，也就是俗称的"柄图"，在日语中"柄"是花样、花纹的意思。在洛丽塔洋装中，柄图指的是洛丽塔裙子上的印花。柄图虽然不是必需的，但是能给洛丽塔服饰添加一些美感和艺术的气息。图 1-4 所示是几种不同风格的柄图。

图 1-3

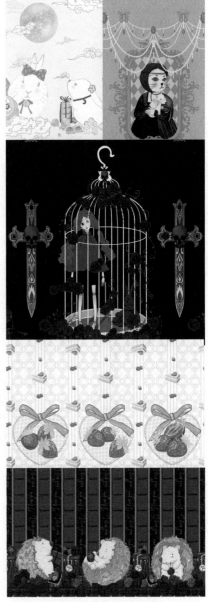

图 1-4

1.3 洛丽塔洋装的主要风格

洛丽塔洋装通过在外观设计上添加哥特式、乡村风、甜美风、国风等设计元素，产生了多个亚风格，其中影响比较大的主要有 3 种：甜美洛丽塔、古典洛丽塔（又叫经典洛丽塔）和哥特式洛丽塔。

古典洛丽塔是指相对成熟的风格，它更多地偏向于维多利亚时期和洛可可时期的服装风格。

甜美洛丽塔主要为可爱和甜美的风格，描绘的是孩子般的纯真、青春的美好和童话的幻想。它经常会搭配一些可爱元素，例如兔子、小熊等动物，草莓等水果，会更多地利用到蝴蝶结、爱心等元素。

哥特式洛丽塔更多地强调哥特式的感觉，通常会着重表现哥特式阴郁和黑暗的美学。

其他风格还有乡村风（又叫田园风）、国风（融入更多中式元素）、朋克风与和风等。图 1-5 所示为各种不同风格的洛丽塔洋装。

图 1-5

第 ② 章

制版基础知识

本书讲解两种制版方法。一种是标码，即按照各种标准体型直接给出各个数据，直接代入即可。另一种要复杂些，需要代入人体尺寸，制作一件最适合穿衣人的洛丽塔洋装，使用这种方法时需要测量人体尺寸，具体测量如图 2-1 所示。

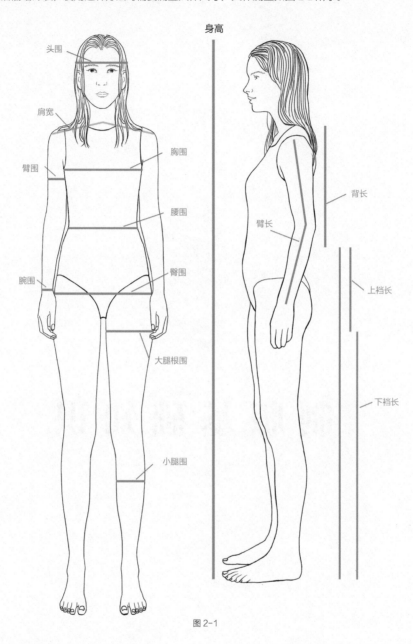

图 2-1

测量人体尺寸时，以下几处需要注意。

肩宽： 从人体的一侧肩端点经后颈中点再到另一侧肩端点的长度。

胸围： 在胸高点（穿好内衣时）用皮尺水平围一圈得到的长度。

腰围： 在腰部最细的地方用皮尺水平围一圈得到的长度。

背长： 从隆椎到腰围线的长度。

上裆长： 从腰部最细的地方到大腿根部的长度。

下裆长： 从大腿根部到脚底的长度。

因为本书主要讲解洛丽塔洋装的制版方法，所以最主要的是测量胸围、腰围和肩宽。此外，洛丽塔洋装有高腰、小高腰、正腰多种版本，我们需要根据实际情况调整测量方法，背长和上下裆长等的测量稍微了解即可。

2.2.1 本书制图会用到的各部位的名称

在纸样制版的过程中，会涉及很多结构线、辅助线和点等，它们都有自己的名称，并且在人体上也有一个与之相对应的名称。记住这些名称，有助于我们在制图时快速理解和找到对应的数据和位置。本书讲的是洛丽塔洋装的制版制图方法，所以会涉及女装的衣原型、袖原型和裙原型，三者及各部位名称分别如图 2-2~ 图 2-4 所示。

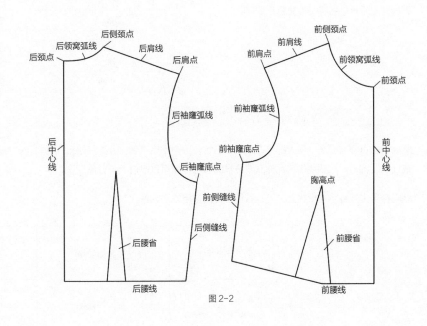

图 2-2

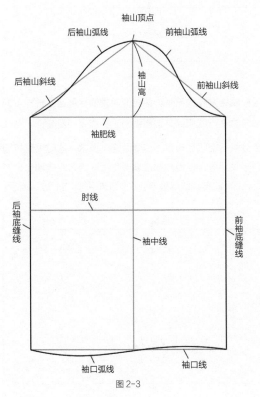

图 2-3

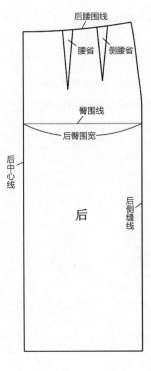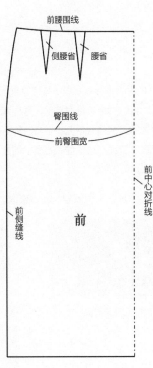

图 2-4

2.2.2 本书制图常用到的名称英文缩写

制图时，服装中各部位通常使用英文缩写来表示，英文缩写简单、好记、易标注，考虑其在国际上的通用性，这也有利于各国的服装专业人员进行交流。服装涉及的名称很多，本书不会都用到，学习和使用本书的内容了解表 2-1 所示的名称的英文缩写即可。

表 2-1 服装制图中的名称英文缩写

名称	英文全称	英文缩写
胸围	Bust	B
腰围	Waist	W
臀围	Hip	H
胸高点	Bust Point	BP
袖窿	Arm Hole	AH
袖山	Sleeve Top	ST
肘线	Elbow Line	EL

2.2.3 本书会用到的制图符号

服装制图符号有很多，但大部分在本书和日常使用中都用不到，此处只给出几种常见的制图符号，如图 2-5 所示。大家购买纸样来使用或自己制图时，只要明白这几种制图符号的意思，就可以应对大部分情况了。

制图符号主要标示在纸样上，可以看作纸样的使用方法或备注。

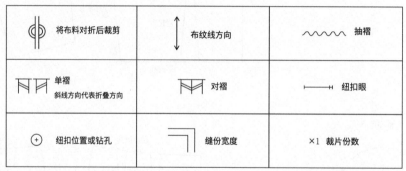

图 2-5

ϕ：半圆符号。它表示纸样只有一半，裁布的时候需要先将布料对折，然后按纸样裁剪，这样裁出来的布的面积是纸样。这样做的目的是方便裁剪，与对称剪纸先对折一下纸张是同样的原理。纸样一边是虚线也表示同样的意思，本书更多用的是虚线表示的方式。

按照半圆符号对折裁剪的示例如图 2-6 所示。

①将布对折。

②将有半圆符号的纸样放上去，将半圆符号放在对折处进行裁剪。

③裁剪完展开后。

图 2-6

$\uparrow$：表明布纹线方向的符号。裁布的时候要尽量遵循纸样上的布纹线和布边平行的原则，这样做出来的衣服不易变形。但现实中大部分洛丽塔印花布料不能满足这个要求，这时候就按印花的方向来裁即可，但仍需要遵循所有版片的布纹线朝一个方向的原则。纸样的布纹线尽量与竖纹 / 布边平行，如图 2-7 所示。

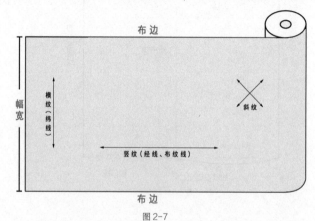

图 2-7

～～～：抽褶符号。一般在裙片的腰部与上衣片相接的部分，或泡泡袖等袖型处，还有在后背做素鸡时，会出现这个符号。

⊓⊓&⊓：打褶符号。一般在做褶裙的褶子时会遇到打褶符号，斜线表示打褶方向，由斜线高的那条直线折向斜线低的那条直线，即可完成打褶。

├───┤&⊕：纽扣眼和纽扣位置符号。做衣服时常会遇到使用纽扣的情况，按照符号在相应的位置锁扣眼和钉好纽扣即可。

⌐：缝份宽度符号。缝份是指预留给缝纫机走线的距离，一般裙摆、袖口等地方需要收边，缝份会大一些，具体根据纸样的标示进行处理即可。

×1：裁片份数符号。裁片份数是指通过纸样裁出来的衣片的份数。人体基本是左右对称的，如果纸样上标记的是偶数片的话，通常需要裁出的布料是对称的，且左右片数相同（偶数片/2）（大多数情况如此）。例如纸样上标记了×2，就将两片布料正面相对或反面相对，然后将纸样放上去裁剪，这样裁剪出来的就是两片对称的布料了。

2.3 制版常用工具

剪刀，用来裁开制版纸，如图 2-8 所示。

图 2-8

直尺和曲线尺，用于绘制各种线段，如图 2-9 所示。

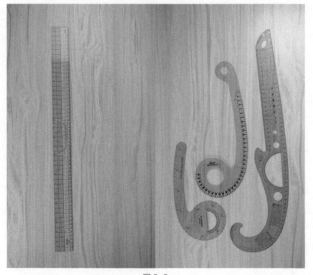

图 2-9

铅笔，用于在制版纸上绘制版型，如图 2-10 所示。

图 2-10

描线器 / 划布轮，可利用其齿轮在布上产生的点绘制线段，方便缝制，也可利用这个方法在制版时把最终需要的版型复制到另外的纸上，如图 2-11 所示。

图 2-11

剪口器，可用于手工制版时在纸样上剪口，如图 2-12 所示。

图 2-12

2.4 电脑制版软件

国内外都有很多制版软件品牌，目前国内用得比较多的主要有富怡、博克和 ET 等。作者常用的制版软件是富怡。富怡服装 CAD 由深圳市盈瑞恒科技有限公司开发，目前在富怡官网上，富怡服装 CAD Super V8 版是免费的，大家可以下载使用。

富怡服装 CAD 软件主界面如图 2-13 所示。

图 2-13

本书的重点不在于讲解电脑制版软件的使用方法，所以不会涉及具体的使用教学。读者如果使用本书附带的 S/M/L 标码版型图纸制作服装，就不需要使用这些电脑制版软件。如果是想代入人体尺寸制作最合身的洛丽塔洋装，则需要自行学习相应电脑制版软件的简单操作方法。

第 3 章

女装原型

服装原型是服装衣片的基本型，它不是某一个特定服装的造型，而是符合人体基本特性的基础造型。在服装原型的基础上进行进一步设计和变化，会让服装制版的过程更简单、便利一些。

在服装业发达的英、美、法、日等国，它们都有根据本国人体特征制定的服装原型，因为东亚人体特征相近，且日本的服装产业和服装教育发展较早，对我国产生了较深的影响，我国目前采用日本的文化式服装原型较多，所以本书以文化式女装原型为基础。

代入人体尺寸制版，与使用标码制版的最大不同之处，就是可以做出最适合穿衣人的服装，这需要先根据穿衣人尺寸制作出服装原型。

文化式女装上衣原型如图 3-1 所示。

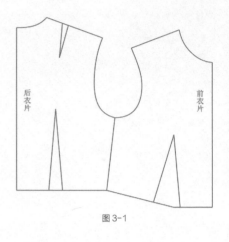

图 3-1

3.1.1 具体制版方法

以下为文化式女装上衣原型版的制作方法，以 160/84A 作为参考尺寸（身高 160cm、胸围 84cm、背长 38cm），大家制版的时候请以实际数据为标准。

① 画出 38cm 的垂线，再画出（B/2+5）cm 的水平线，以此为基础画出长方形，如图 3-2 所示。

图 3-2

> **小贴士** B 是胸围（Bust）的英文缩写，本书常用英文缩写请参考 2.2 节，本书之后涉及的类似内容均采用英文缩写形式。括号内的算式计算后取整。为了美观，本书制版图中的所有数据后面均没有单位，均默认为 cm。

② 从上往下取（B/6+7）cm 画点，然后水平画出胸围线，如图 3-3 所示。

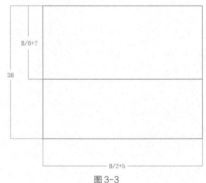

图 3-3

③ 在胸围线上的中点处画垂线，作为前后片的分割线，如图 3-4 所示。

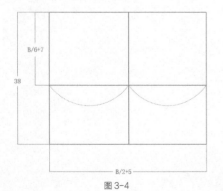

图 3-4

> **小贴士** 背宽的量大于胸宽的量。

④ 在胸围线上从后中心线往右取（B/6+4.5）cm 画出背宽线，在胸围线上从前中心线往左取（B/6+3）cm 画出胸宽线，如图 3-5 所示。

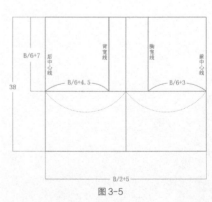

图 3-5

⑤ 从后中心线上顶点向右取（B/20+2.9）cm 画出后领窝宽，取 1/3 后领窝宽的量向上垂直定出后领窝高，然后按照图示画一条顺滑的后领窝弧线，如图 3-6 所示。

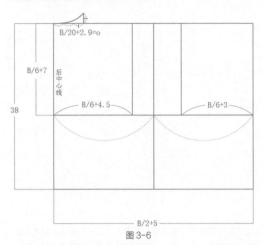

图 3-6

⑥ 在背宽线上从上往下定出 1/3 后领窝宽（也就是后领窝高）的量，从此点向右移 2cm 定出后肩点，然后与后侧颈点相连，如图 3-7 所示。

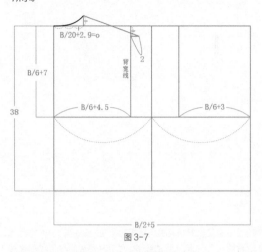

图 3-7

⑦ 从前中心线上顶点往左取（后领窝宽 − 0.2）cm 的量作为前领窝宽，从前中心线上顶点往下取（后领窝宽 +1）cm 的量作为前领窝深，以此为基础，画出长方形，如图 3-8 所示。

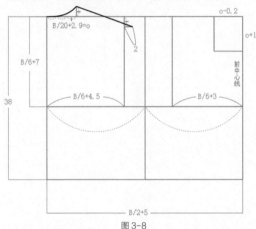

图 3-8

⑧ 在胸宽线上从上往下取 2 倍后领窝高的量画点，并由此处往左画水平线作为参考线，如图 3-9 所示。

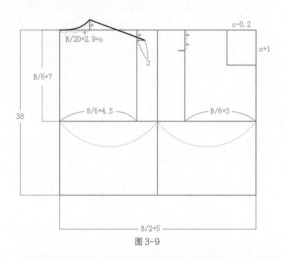

图 3-9

⑨ 在前侧颈点处往下移 0.5cm 取新的前侧颈点（女性上半身比男性要前倾一点，所以要下移 0.5cm），从此点画线连接到上一步画的水平线上，前肩线的长度为（后肩线 − 1.8）cm，如图 3-10 所示。

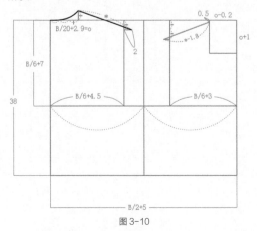

图 3-10

⑩ 把前领窝宽分为二等份，并从长方形左下端点处往 45°方向画出 1/2 前领窝宽的线段作为辅助线，如图 3-11 所示。

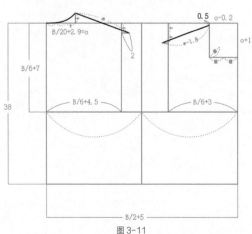

图 3-11

⑪ 在上一步画的辅助线上收进 0.3cm 的量,并以此为参考点,画一条前领窝弧线,如图 3-12 所示。

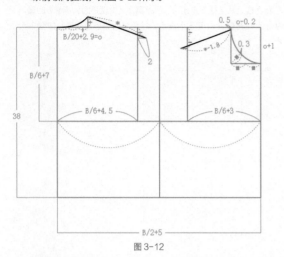

图 3-12

⑬ 二等分后袖窿宽,并从胸围线与背宽线的交点处往 45°方向画出(1/2 后袖窿宽 +0.5)cm 的线段,然后从前片的胸围线与胸宽线的交点处往 135°方向画出 1/2 后袖窿宽的线段,如图 3-14 所示。

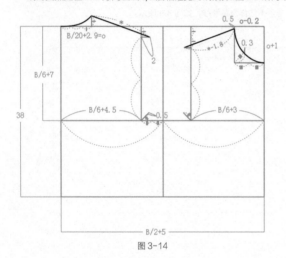

图 3-14

⑮ 从前中心线往下画,再画出 1/2 前领窝宽的线段作为底摆追加量(因乳房突起的追加量),如图 3-16 所示。

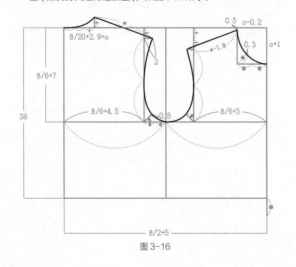

图 3-16

⑫ 二等分后袖窿深和前袖窿深,如图 3-13 所示。

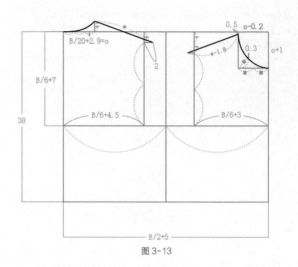

图 3-13

⑭ 依次经过前后肩端点、背宽线 / 胸宽线、上一步做出的辅助线段的上端点和袖窿底点,画一条前后袖窿弧线,如图 3-15 所示。

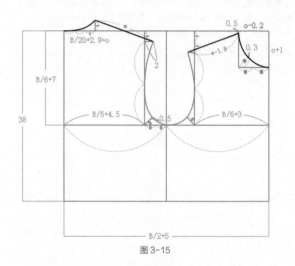

图 3-15

⑯ 把前胸宽二等分,并从中点往左 0.7cm 处往下画垂线,从底摆追加量处往左画水平线,使两条线相交,如图 3-17 所示。

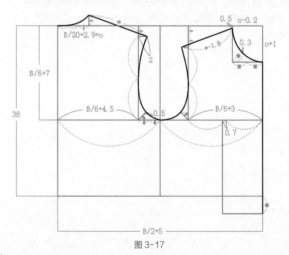

图 3-17

⑰ 从侧缝线和腰线的相交点，向后片方向偏移 2cm 取点，如图 3-18 所示。

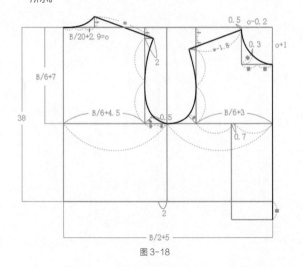

图 3-18

⑱ 从此点向上连接到袖窿底点处，从此点向右连接到前底摆左端点上，如图 3-19 所示。

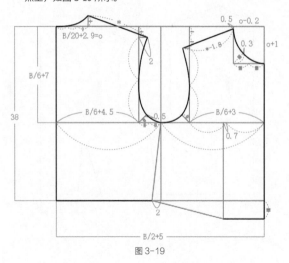

图 3-19

⑲ 在第 16 步画的垂线上距离胸围线下方 4cm 处定出 BP 的位置，如图 3-20 所示。

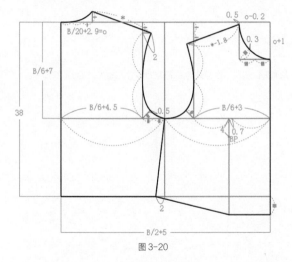

图 3-20

⑳ 在前腰线左端点往右 1.5cm 处定出前腰省一边的端点，连接此点与 BP，画出前腰省的一边，如图 3-21 所示。

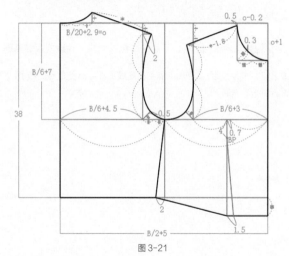

图 3-21

㉑ 前腰省量为 6.6cm，确定宽度后，画出前腰省的另一边，如图 3-22 所示。

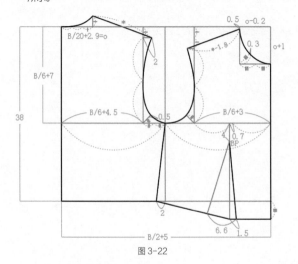

图 3-22

㉒ 从背宽线的 1/2 处往上 2cm 定出后腰省的省尖，从此处往下画垂线与后底摆相交，如图 3-23 所示。

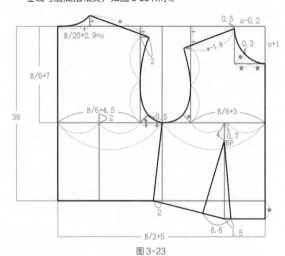

图 3-23

㉓ 后腰省的宽度为3.3cm，确定宽度后，画出后腰省的两边，如图3-24所示。

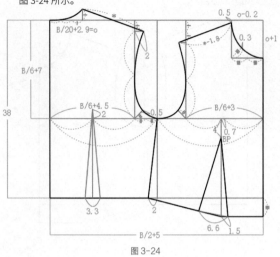

图 3-24

㉔ 文化式女装上衣原型完成，如图3-25所示。

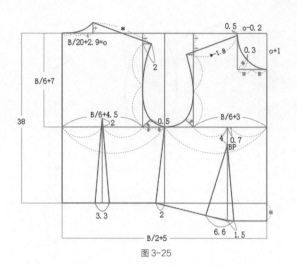

图 3-25

3.1.2　后肩省的画法

有时候会用到有肩省的后片，下面在文化式女装上衣原型版的基础上画出后肩省。

① 取出后片的原型版，从后侧颈点沿后肩线向右4cm处取点，然后从此点垂直向下画出8cm的线段，如图3-26所示。

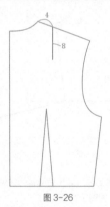

图 3-26

② 从画好的线段下端点处向左取0.7cm，定出省尖，如图3-27所示。

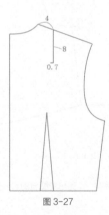

图 3-27

③ 后肩省的宽度为1.5cm，在第1步的点沿后肩线向右1.5cm处取点，并从两点连接到省尖，如图3-28所示。

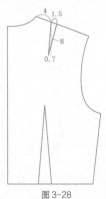

图 3-28

④ 得到有肩省的后片，如图3-29所示。

图 3-29

袖原型是部分服装所需要的原型，它是以衣原型的袖窿弧线长和袖长为标准制作出来的。首先要确定衣原型的袖窿弧线长和袖长，根据衣原型（下图以 160/84A，即胸围为 84cm、背长为 38cm 作为参考尺寸）量出前 AH=20.5cm，后 AH=21cm，AH= 前 AH+ 后 AH=41.5cm，如图 3-30 所示。

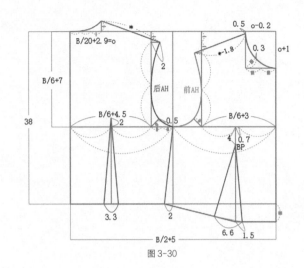

图 3-30

以袖长 =52cm、前 AH=20.5cm、后 AH=21cm、AH=41.5cm 为参考尺寸制作女装袖原型。

① 画一条垂线与一条水平线相交，垂线向上取（AH/3 − 1）cm 作为袖山高，由袖山顶点垂直往下画一条长 52cm 的线段，并画一条通过此线段下端点的水平线（即图 3-31 中底部水平线）。从袖山顶点分别取（后 AH+1）cm 和前 AHcm 的量往两侧画线并与上水平线（即袖肥线）相交，从前后相交点分别做垂线与底部的水平线相交，如图 3-31 所示。

② 将前袖山斜线分成四等份；将后袖山斜线二等分，并把上半部分二等分，在中点沿袖山斜线向左下移 2.5cm，再把剩下的部分二等分，如图 3-32 所示。

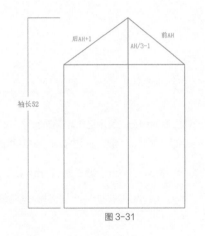

图 3-31

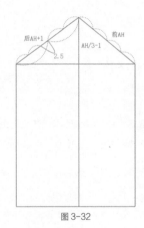

图 3-32

③ 在前袖山斜线的上 1/4 处向右上垂直画出 1.8cm 的线段，下 1/4 处向左下垂直画出 1.5cm 的线段，在后袖山斜线的上 1/4 处向左上垂直画出 1.5cm 的线段，下边部分的 1/2 处向右下垂直画出 0.5cm 的线段，如图 3-33 所示。

④ 依次连接上一步画出的辅助线的端点，并画一条弧线，如图 3-34 所示。

⑤ 从袖长的 1/2 处向下移 2.5cm 取点，从此点水平画出肘线，如图 3-35 所示。

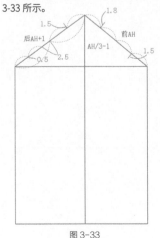

图 3-33

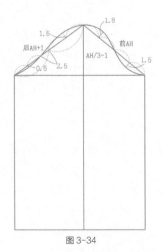

图 3-34

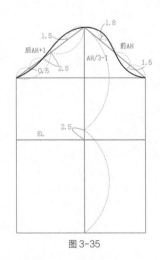

图 3-35

⑥ 把前后袖口线分别二等分，在前袖口线的中点垂直向上画出 0.5cm 的线段，在后袖口线的中点垂直向下画出 1cm 的线段，如图 3-36 所示。

⑦ 连接前后袖口线端点与辅助线的端点并画一条袖口弧线，如图 3-37 所示。

⑧ 女装袖原型完成，如图 3-38 所示。

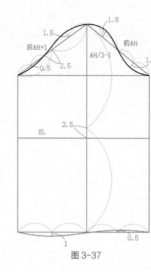
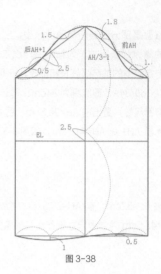

图 3-36　　　　　　　图 3-37　　　　　　　图 3-38

3.3　裙原型

由于很多洛丽塔洋装的款式在裙边上都有一排固定的印花，使用这类印花布料时，都是直接按印花排列的，将裙片裁成一个长方形。但有时我们不使用印花布料，也仍然会用到裙原型来制版。因此我们也要掌握裙原型的画法。

本裙原型以 160/68A 为参考尺寸，腰围为 68cm，臀围为 90cm，腰长为 18cm，裙长为 60cm。

① 画一个长方形，宽度为臀围除以 2，再加 2cm 的松量，长度为 60cm，如图 3-39 所示。

② 从腰线往下取 18cm，并水平画出臀围线，如图 3-40 所示。

③ 把臀围线二等分，然后在中点处往后片偏移 1cm 后，垂直画出侧缝线，如图 3-41 所示。

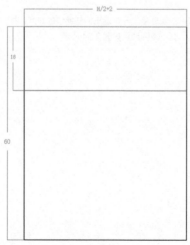
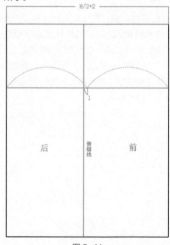

图 3-39　　　　　　　图 3-40　　　　　　　图 3-41

④ 在后腰线上取腰围除以 4 减去 1cm（借给前片的量）并加 0.5cm 的松量，即（W/4-1+0.5）cm。在前腰线上取腰除以 4 加上 1cm（从后片借过来的量）并加 0.5cm 的松量，即（W/4+1+0.5）cm。如图 3-42 所示。

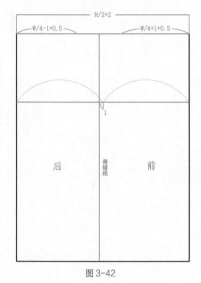

图 3-42

⑤ 把前后片腰线剩余部分分别三等分，每一份的长度以符号 * 标示出，如图 3-43 所示。

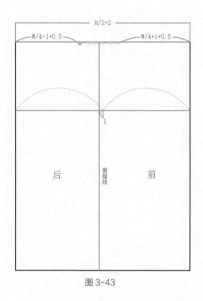

图 3-43

⑥ 从侧缝线往两边取前后片各一等份，并以此两点垂直向上画出 0.7cm 的线段，如图 3-44 所示。

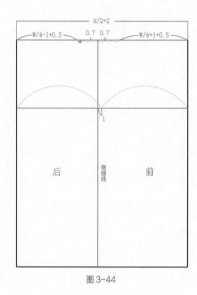

图 3-44

⑦ 从腰线的左端点往下移 1cm 取点，并连接上一步画的后片上的线段的上端点，画一条后腰围线，然后连接前片上的线段的上端点与腰线的右端点，画一条前腰围线，如图 3-45 所示。

图 3-45

⑧ 画侧缝线至臀围线往上 3cm 处，再画一条弧线连接到前后腰围线的端点，如图 3-46 所示。

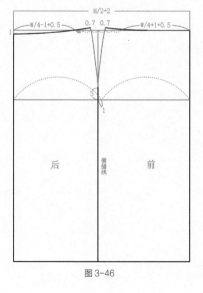

图 3-46

⑨ 从腰线的左端点往右移 7.5cm 处开始画后片的第一个省，省宽为后片侧缝处三等份中的一份（即 1 个 * 的长度），省长为 11cm，如图 3-47 所示。

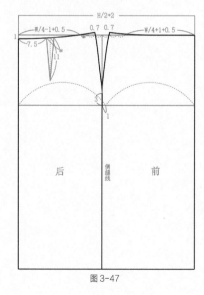

图 3-47

⑩ 从后片第一个省的结束点开始算，把右侧的后腰围线二等分，并从中点向两边画出后片的第二个省，省宽为后片侧缝处三等份中的一份（即1个 * 的长度），省长为10cm，如图3-48所示。

⑪ 把前腰围线二等分，并从中点处向右画出前片的第一个省，省宽为前片侧缝处三等份中的一份（即1个 * 的长度），省长为9cm，如图3-49所示。

⑫ 从前片第一个省的结束点开始算，把左侧的前腰围线二等分，并从中点向两边画出前片的第二个省，省宽为前片侧缝处三等份中的一份（即1个 * 的长度），省长为8cm，如图3-50所示。

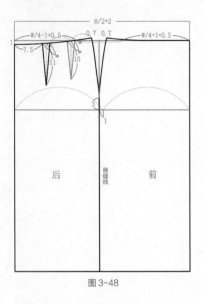

图 3-48

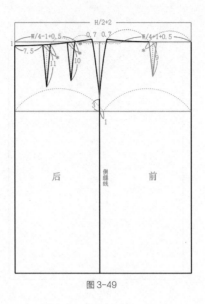

图 3-49

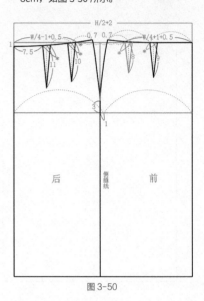

图 3-50

⑬ 裙原型完成，如图3-51所示。

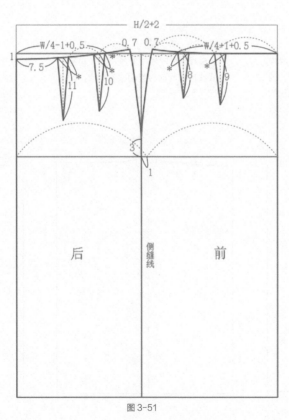

图 3-51

第 ④ 章

洛丽塔洋装常用领型和袖型

4.1.1 海军领

1. 款式分析

海军领是一种经典的领型，多用在连衣裙上，体现出甜美风、学院风，还有减龄的效果，在洛丽塔洋装特别是JK制服样式的洛丽塔洋装上经常会见到。其后片为方形，前片则有几种变化。海军领示例如图 4-1 所示。

图 4-1

2. 版型结构展示

海军领版型结构如图 4-2 所示。

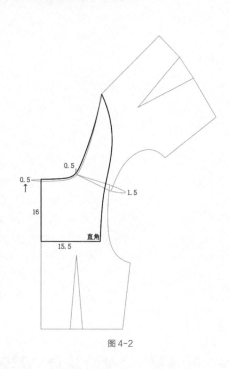

图 4-2

4.1.2 立领

1. 款式分析

立领多用在国风的洛丽塔洋装上，有着经典设计的浪漫与优雅，更能体现出一种东方美。立领示例如图 4-3 所示。

图 4-3

2. 版型结构展示

立领版型结构如图 4-4 所示。

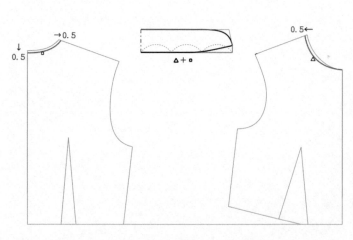

图 4-4

4.1.3 娃娃领

1. 款式分析

娃娃领是甜美淑女最爱的领型，一直很流行。它可以和多种元素进行搭配，无论是出现在裙子上还是内搭衬衫上，都可以营造出甜美与可爱的感觉，多用于甜美风的洛丽塔洋装上。娃娃领示例如图4-5所示。

图4-5

2. 版型结构展示

娃娃领版型结构如图4-6所示。

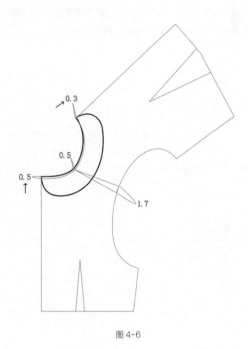

图4-6

4.2 常用袖型

4.2.1 姬袖

1. 款式分析

姬袖是洛丽塔洋装中常用的一种袖型，通常从肘部或上臂处就开始呈弧形并张大散开，一般会在袖口搭配装饰花边或蕾丝，整体华丽又可爱。姬袖示例如图4-7所示。

图4-7

2. 版型结构展示

姬袖由上袖片和下袖片组成，如图4-8所示。其中，上袖片是基础袖型，下袖片则是一片更长的长方形或扇形的袖片，下袖片抽褶后和上袖片缝合，这样整只袖子越往手腕的部分就会越呈现出张大散开的形状了。

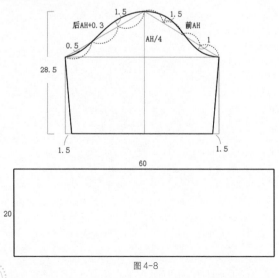

图4-8

4.2.2　灯笼袖

1. 款式分析

灯笼袖是指将袖管扩大，然后在袖口处加装袖头收紧，从而使整个袖子呈灯笼形状的袖型。这种袖型会因袖子长度和膨胀程度不同而呈现出不同的感觉，如干练、复古、可爱和酷炫等，用在洛丽塔洋装上也能呈现出多种效果。灯笼袖示例如图4-9所示。

2. 版型结构展示

灯笼袖和姬袖的结构比较相似，上部分为基础袖型，不过一般偏短，下部分为长方形或扇形的袖片，下部分的上边抽褶和上部分相连。手腕部分需要做一个袖克夫收紧袖片，这样下部分的袖片就通过两端的抽褶收紧呈现出了灯笼形状。灯笼袖的变化有很多，有时候会将上下部分合二为一，有时候会是短袖，但它们的共同点是袖管呈灯笼形状。灯笼袖版型结构如图4-10所示。

图 4-9

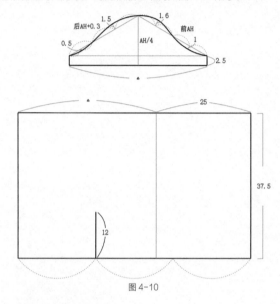

图 4-10

4.2.3　泡泡袖

1. 款式分析

泡泡袖是指在袖山处抽碎褶使其蓬起而呈泡泡状的袖型，如图4-11所示。泡泡袖会让连衣裙和上衣有一种别样的吸引力，会容易让人第一眼停留在肩上，觉得穿衣人俏皮、有亲和力。例如经典形象白雪公主，她的裙子就使用了泡泡袖。泡泡袖整体又"仙"又可爱，可搭配多种风格的裙子。

2. 版型结构展示

泡泡袖是在基础袖型完成后，从袖中线处破开，并加入一定的褶量，然后将袖山往上加一定的量，从而使肩部缝合起来的时候会呈现出泡泡状。基础袖型与泡泡袖袖型的对比如图4-12所示。

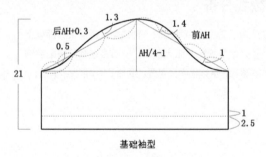

基础袖型

图 4-11

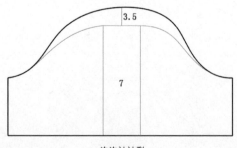

泡泡袖袖型

图 4-12

第  章

新手常见问题

5.1 纸样的作用

纸样通常是指服装纸样，也叫作服装版型图纸，是服装的平面设计图。立体的服装通过一步步拆分，就会得到很多个平面的服装裁片；反过来说，纸样就是我们裁布时使用的图纸，我们根据纸样将布料裁成服装裁片，最后缝合成一件立体的衣服。

某款开襟洛丽塔的全部纸样如图 5-1 所示。

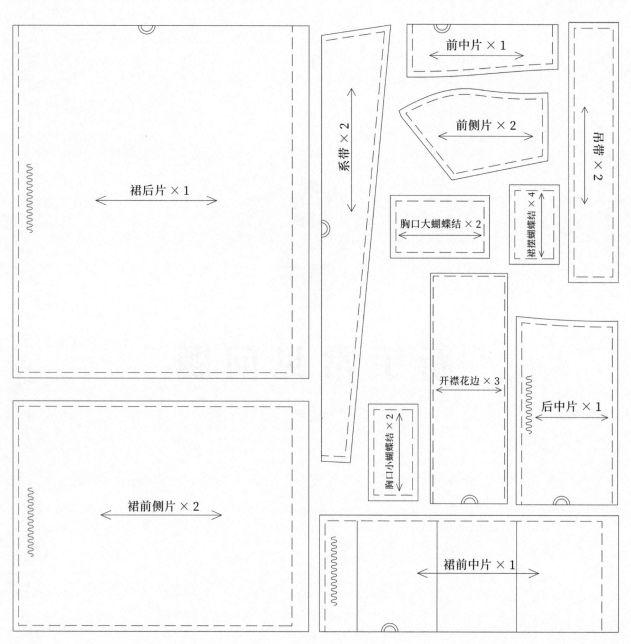

图 5-1

目前市面上常见的洛丽塔印花布料主要为涤纶，根据织法的不同可分为四面弹、雪纺、阳光麻、竹节麻、钻石麻等。对于这些不同名称的布料，虽然其主要成分都是涤纶，但它们在手感、纹路和弹性等方面都存在较多差异。大家应根据个人喜好进行选择。阳光麻布料如图 5-2 所示。

图 5-2

常用的辅料是蕾丝和橡筋。蕾丝作为装饰物，是最能体现洛丽塔洋装风格的元素之一，一般用得比较多，各式蕾丝如图 5-3 所示。橡筋则是拉链和扣子较好的替代品，而且橡筋的款式对身材的要求没有那么高，可调节范围大。常用的 0.8cm 宽的橡筋如图 5-4 所示。

图 5-3

图 5-4

5.3　如何更好、更稳定地裁剪布料

为了将布料裁剪得更准确，就要保证布料的平整。如果布料有褶皱，我们就需要使用熨斗将其熨烫平整，如图 5-5 所示。

裁剪之前使用高温消失笔 / 水消笔 / 画粉等将需要裁剪的轮廓（例如纸样的轮廓）画在布料上，如图 5-6 所示，这样能减少一些不必要的失误。

图 5-5

图 5-6

为了保证裁剪时布料不滑走从而避免错位，可以使用珠针 / 小夹子等工具将布料固定住（见图 5-7），在裁剪的时候还可以使用压布铁等重物将布料压住，这样能进一步确保布料不滑走。

图 5-7

5.4 如何处理特殊布料

这里的特殊布料主要是指雪纺和真丝类布料，这类布料很滑，裁剪和缝纫时很容易滑开，用珠针或小夹子等固定的方法都不一定有用，需要使用其他方法。

通常来说，在处理这类布料之前，要先用糨糊、发胶或真丝剂等使它变硬，这样无论是裁剪还是缝纫都很方便了。等衣服缝制完毕，再将上面的辅助材料洗掉就可以了。

特殊布料处理前后的对比如图5-8所示。

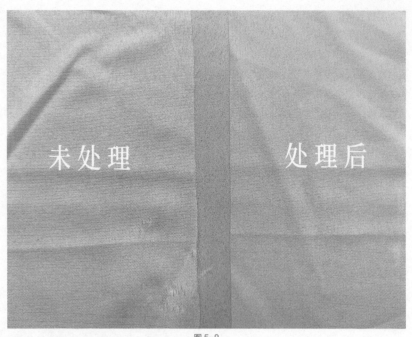

图5-8

5.5 如何简单地把线缝直

新手在刚使用缝纫机的时候，把线缝直是其需要快速掌握的技能，可以借助一些小工具简单地达到这个目的。

常用工具之一就是磁铁定规。这种定规本身带有较强的磁性，可以吸附在缝纫机的面板上，如图5-9所示。将它的位置和线的方向调至平行，缝制时将布料沿定规的边送出去就能保证把线缝直。

另一个常用工具是飞机定规，其原理跟磁铁定规差不多，是用一个挡板来控制这个距离，还能在缝纫机面板左右两边各装一个飞机定规来同时控制左右两边的距离，如图5-10所示。

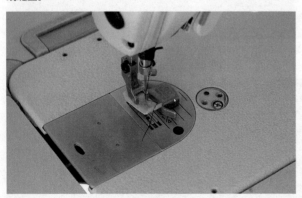

图5-9

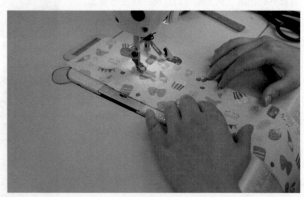

图5-10

5.6 如何抽褶

抽褶是制作洛丽塔洋装经常用到的一个工艺。常用的抽褶方法有两种，一种是使用抽褶压脚，另一种是手动抽褶。

使用抽褶压脚进行抽褶（见图 5-11）非常方便，但是不能预计抽褶后的整体长度，如果要使一片布料抽褶到某一个固定的长度，通常需要反复调试。它一般用于不太需要精准长度去对接的部分的抽褶。

手动抽褶是将需要抽褶的边用针距车一条线或两条线，然后拉动其中一条线使布料移动并集中，从而达到抽褶的目的，如图 5-12 所示。这种方法相对于使用抽褶压脚来说要麻烦一些，但好处是可以自行调节抽褶后整体的长度，在需要明确长度的时候，例如泡泡袖抽褶上到袖窿的时候，是非常实用的。

图 5-11

图 5-12

以上两种抽褶方法各有优势，大家根据实际情况选择即可。

5.7 洛丽塔洋装布料图案介绍

洛丽塔洋装布料一大特点就是它的印花图案。印花图案在洛丽塔洋装布料上有几种常见的排列方式，这关系到裁布时各种排料方法的选择。洛丽塔洋装布料的印花排列一般分为满印花和定位花两种，满印花又叫散柄，定位花又分为单边定位花和双边定位花两种。

散柄一般是按四方连续（指一个单位图案向上、下、左、右 4 个方向重复排列）的图案。散柄主要以一些小元素为主，根据风格的不同，小元素也会有各自的特点。散柄示例如图 5-13 所示。

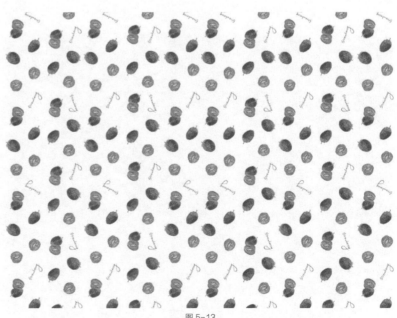

图 5-13

洛丽塔洋装一般将主体印花放在裙摆的位置。主体印花是否两边都有，是决定印花排列是单边定位花还是双边定位花的标准，这也决定了这块布料是只有一边可以用来做裙摆还是两边都可以。

单边定位花是指图案沿布边方向不断循环重复，且只有一边有主体印花，这样的印花排列的布料只有这一边可以用来做裙摆。单边定位花示例如图 5-14 所示。

图 5-14

双边定位花同样是沿布边方向不断循环重复图案，不同的是对面的布边也有同样的主体印花，这样的印花排列的布料两边都可以用来做裙摆。在做一些款式简单的服饰时，可以节省很多布料，例如吊带裙的主要用料部分就是裙片，使用这种印花排列的布料基本上就只需要考虑裙片的用量，这时候大概能节省一半的布料。

双边定位花示例如图 5-15 所示。

图 5-15

一般来说，排料裁布的时候都需要将布纹线与布边调至平行，也就是遵循经线的方向。但由于目前市面上大多数洛丽塔洋装布料为定位花的排列方式，与这个原则不符，因此做洛丽塔裙子的时候，要根据实际情况来考虑，例如针对散柄和定位花的排料方法就不一样，要区分对待。布纹线示例如图 5-16 所示。

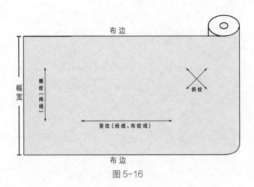

图 5-16

在给散柄（满印花）布料排料时，应该将衣服主体部分纸样的布纹线箭头与布边调至平行，为了节省布料，部分不重要的小物部分，如蝴蝶结、肩带、腰带等的布纹线可以不与布边平行。简单 jsk（吊带连衣裙）散柄布料排料示例如图 5-17 所示。

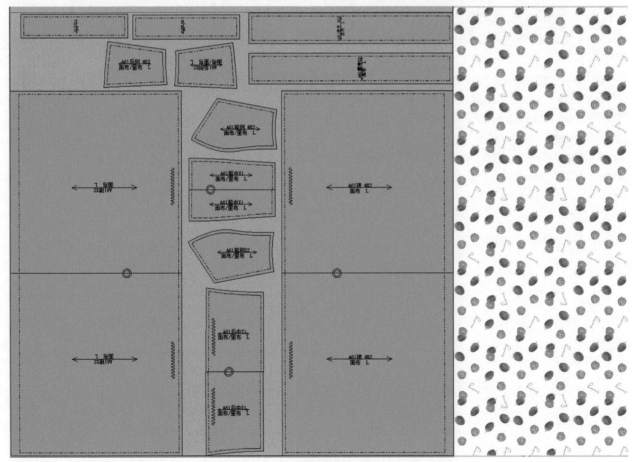

图 5-17

在给定位花布料排料时，因为要将主体印花放在裙摆的位置，所以这时候必须根据实际情况来排料，纸样布纹线与布边垂直。在这种情况下，需要保证主体部分纸样的布纹线保持一致，也就是都要垂直于布边，否则就会出现整个衣服经纬线错乱的情况。同时，有时为了节省布料，部分不重要的小物部分，如蝴蝶结、肩带、腰带等的布纹线可以不与布边平行。简单吊带连衣裙定位花布料排料示例如图 5-18 所示。

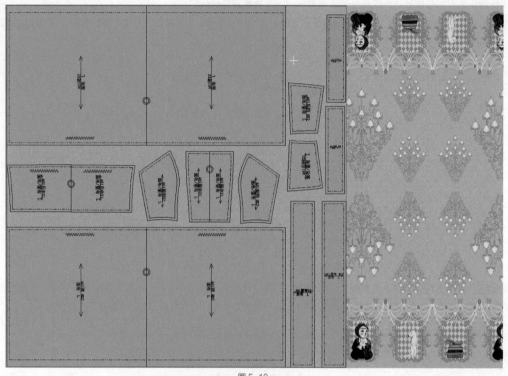

图 5-18

有时候会给一些特殊的定位花的布料排料，这种情况常见于儿童版洛丽塔洋装的柄图。商家排版时主要是出于增加裙摆可利用长度和节省布料的原因，在这种情况下就可以将布纹线和布边调至平行了。特殊的定位花布料排料示例如图 5-19 所示。

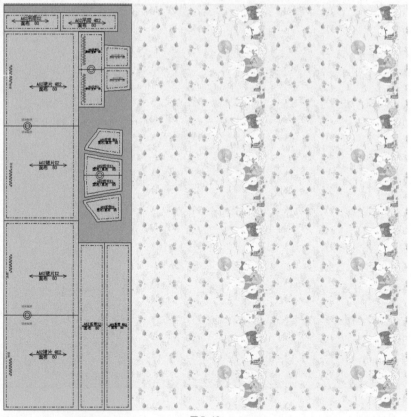

图 5-19

洛丽塔洋装款式大致可以分为 jsk（吊带连衣裙）、op（有袖连衣裙）和 sk（半身裙）3 种。

对于 sk 来说，它的用料基本就等于裙摆用料，根据裙摆的长度预估就可以了。例如裙摆是 3m，则单边定位花布料需要 3m，双边定位花布料需要 1.5m，腰部裙头等部分使用多出来的布料制作就行。满印花布料如果按 1.5m 的幅宽算，则两个裙长再多一点点长度就可以了，多一点点长度是用来制作腰部裙头的，当然也可以将裙摆减少一点点匀出一部分布料来做腰部裙头。

这里主要说 jsk 和 op，相对于 op 来说，jsk 是使用吊带来连接前后片的，少了袖片和肩部前后的用量。

图 5-20 所示是一款 jsk（里面搭配了一件衬衫）。

图 5-20

jsk 的用料由裙片、胸前部分、后背部分、吊带组成。

S/M/L 码的 jsk 基本上使用双边定位花布料，需要裙摆的用料加上吊带的用料。以图 5-20 所示的 jsk 为例，其裙摆为 2.4m，胸前部分和后背部分可以使用除去裙片的中间部分制作，该款式裙片的长度为 2.4m/2=1.2m，整个 jsk 在此基础上再加一点点用料就可以了。大部分 jsk 都可以这么计算主体用料。L 码的 jsk 则需要考虑裙片部分就占用了布料的大半幅宽，胸前、后背部分（即上图中中间位置的版片）可能需要另外增加布料来规划。如果是使用单边定位花布料，则直接按裙摆长度来规划即可，因为除去裙片还有很大面积的布料可以用来规划其他部分。jsk（非图 5-20 所示款式）的用料预估如图 5-21 所示。

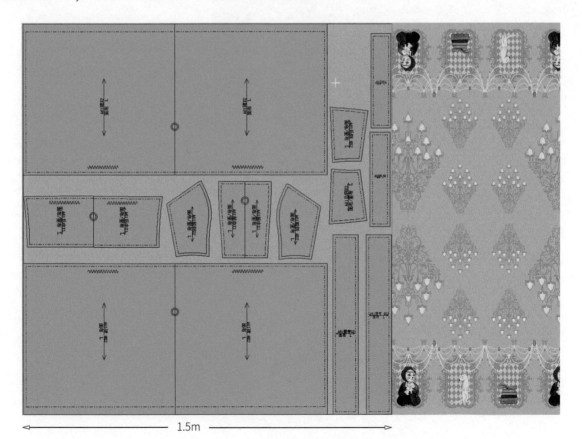

1.5m

图 5-21

op 相对于 jsk 来说，多了袖子部分的用量，而胸前及领的部分使用的是另外一种布料，这里就不算在主体用量里面了。op 长袖连衣裙示例如图 5-22 所示。

这里只统计主体的用量情况，XS 码的 op 的前胸、后背部分可以插进前后裙片中间，右侧主要就是袖片，整体长度达到 1.9m，如果码数再大点儿，则整体长度肯定超过 2m。一般来说，使用双边定位花布料制作 op 时，其用量基本接近或超过 2m，如果还要做一些大蝴蝶结、大领子，用量还要增加。如果使用的是单边定位花布料，则用量基本等于裙摆长度，除去裙片部分的用量外，剩下的差不多刚刚好够制作上衣片和袖片部分使用。

op 的用量预估如图 5-23 所示。

图 5-22

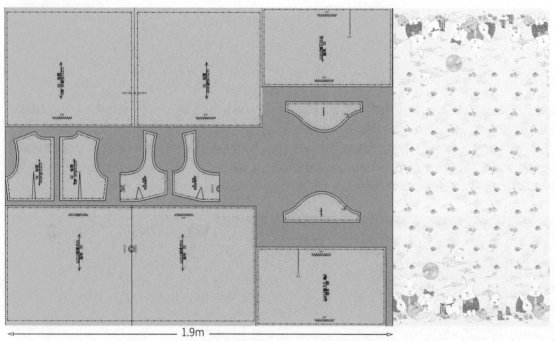

1.9m

图 5-23

第 6 章

花间闲游

如图 6-1~6-4 所示，这是一条吊带连衣裙，裙片的前中部分做成了开襟的款式，由多层的雪纺和蕾丝组合而成，从视觉上减少了单调感，增添了一些层次感。背后用系带打出的大蝴蝶结装饰，正面用了一些中小蝴蝶结和很多蕾丝装饰，使整条裙子甜美中又带有一丝优雅，青春而又显可爱。这条裙子的后片都采用了素鸡设计，方便穿脱。

制作的时候，这个款式可以采用各种风格的印花布料，无论是粉色、白色还是黑色、蓝色，无论是甜柄、可爱柄还是盐柄、纯色系，这个款式都能做出令人满意的效果。

图 6-1

图6-2

图6-3

图6-4

6.2.1 版型数据

该款洛丽塔裙子的版型数据如表 6-1 所示。

表 6-1 版型数据

尺码	适合身高 / 胸围	服装胸围	腰围	裙长
S	155/80cm	86cm	68cm	76cm
M	160/84cm	90cm	72cm	79cm
L	165/88cm	94cm	76cm	82cm

6.2.2 各片分解图

正面结构如图 6-5 所示。

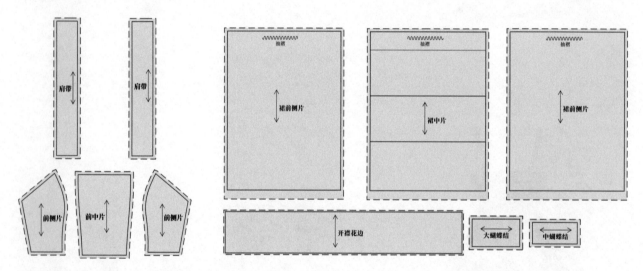

图 6-5

背面结构如图 6-6 所示。

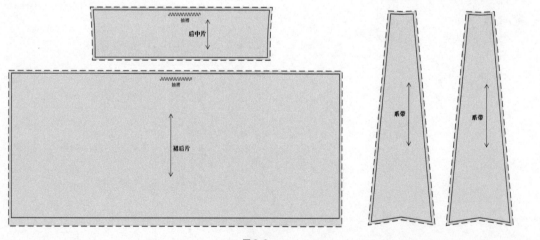

图 6-6

6.3 版型制图

6.3.1 注寸法制版

注寸法直接标注了各片的数据，如图 6-7~ 图 6-15 所示。此方法简单易掌握，适合非专业的服装爱好者和新手使用。

S= 蓝色　　M= 绿色　　L= 红色

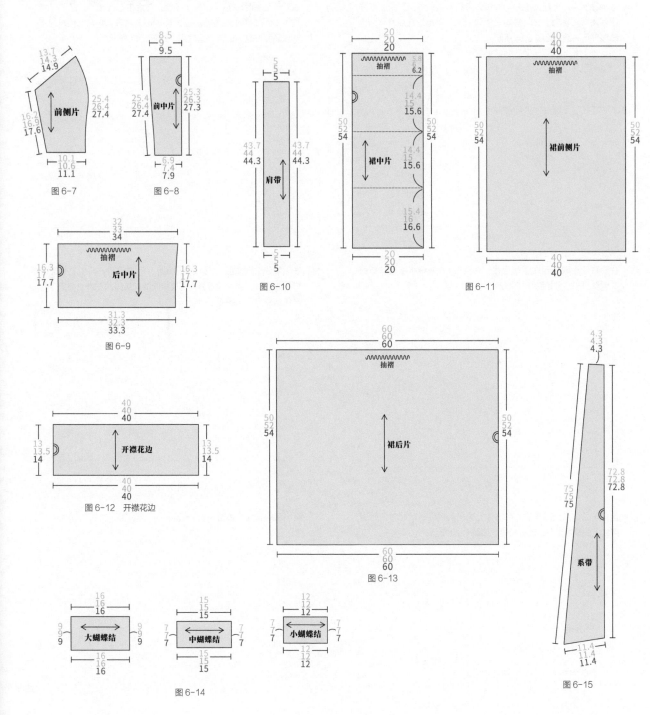

图 6-7

图 6-8

图 6-9

图 6-10

图 6-11

图 6-12　开襟花边

图 6-13

图 6-14

图 6-15

6.3.2　原型法制版

原型法是在原型版的基础上进行制版，可以更加准确、科学、高效地制作出更合身的版型。首先需要按照本书第 3 章介绍的方法绘制好自身尺码的原型，制图过程中所涉及的各类名称请参考本书 2.2 节。

1. 衣片制版

① 后袖窿底点向上移动 1cm，连接此点和侧缝线的下顶点；前袖窿底点向右移动 1.5cm 并向上移动 1cm，画出过此点且与前侧缝线平行的线，如图 6-16 所示。

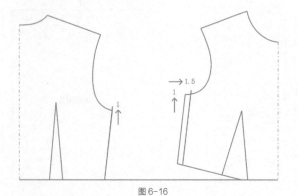

图 6-16

② 过新的后袖窿底点向左画水平线，与后中心线相交，从前领点往下 6cm 处开始往左水平画出长 9cm 的线段，再从此线段的左端点画弧线到新的前袖窿底点，如图 6-17 所示。

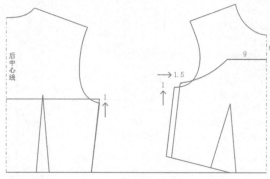

图 6-17

③ 在前腰线上取 3cm 的前腰省量，并从 BP 往左画水平线与新的前侧缝线相交，如图 6-18 所示。

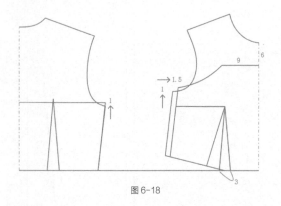

图 6-18

④ 在前腰线上取腰围 W 除以 4，加上 3cm 的省量，再加上 0.5cm 的松量的线段，作为前腰线，再连接新的前线段的左端点与第 3 步中产生的交点，如图 6-19 所示。

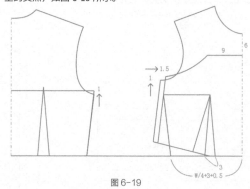

图 6-19

⑤ 量出前后侧缝线的差值，在前片上画出前侧缝省，此时前后侧缝线上的橘色部分的长度相等，如图 6-20 所示。

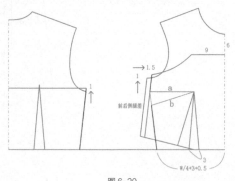

图 6-20

⑥ 画出新的省线，如图 6-21 所示。

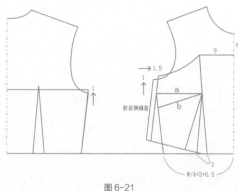

图 6-21

⑦ 合并 a 线和 b 线，从而把前侧缝省转到新省中，如图 6-22 所示。

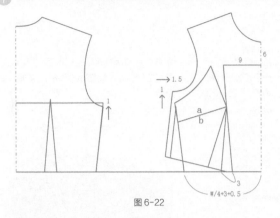

图 6-22

⑧ 画一条前侧缝线和转省后的破缝处的弧线，如图 6-23 所示。

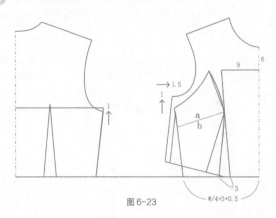

图 6-23

⑨ 将前腰线向上移动 5cm，取与前侧缝线等长的后侧缝线后，画出新的后腰线，如图 6-24 所示。

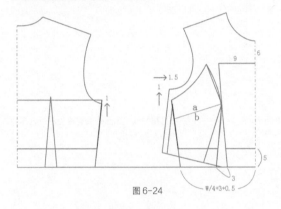

图 6-24

⑩ 后片延长 1/2 宽度的量用于收橡筋，如图 6-25 所示。

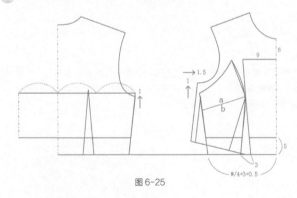

图 6-25

⑪ 完成衣片的制版，如图 6-26 所示。

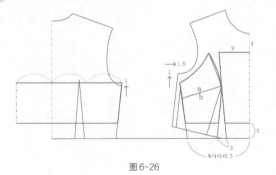

图 6-26

2. 肩带制版

① 从后肩线 1/2 处画直线到图中水平线的 1/2 处为后肩带的长度，从前肩线 1/2 处画直线到前片中边上的点为前肩带的长度，如图 6-27 所示。

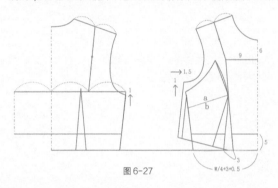

图 6-27

② 画水平线取前肩带加后肩带的长度，肩带宽 5cm（需要对折，实际宽为 2.5cm），如图 6-28 所示。

图 6-28

3. 裙片制版

① 画 1/2 前开襟部分，宽 20cm，高 52cm，如图 6-29 所示。
② 画裙前侧片，宽 40cm，高 52cm，如图 6-30 所示。
③ 画 1/2 裙后片，宽 60cm，高 52cm，如图 6-31 所示。

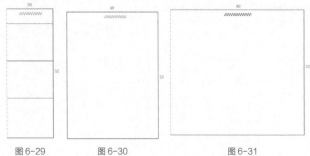

图 6-29   图 6-30   图 6-31

布料正面　　布料背面　　花边 / 蕾丝

① 拿出肩带，将肩带布料正面相对，缝合其中的两边，剩下一边留着等会缝，如图 6-32 所示。

② 使用任意的长条工具通过刚才留的一边把肩带翻到正面，如图 6-33 所示。

③ 将肩带缝合的两边在正面压线固定，如图 6-34 所示。

④ 给肩带的一边压一条花边进行装饰，如图 6-35 所示。

⑤ 将前中片和两边的前侧片正面相对缝合，并在缝份中间夹着花边进行装饰，如图 6-36 所示。

| 前侧片 | 前中片 | 前侧片 |

图 6-36

图 6-32　　　图 6-33　　　图 6-34　　　图 6-35

⑥ 翻到正面，然后在前中片上也压一些花边进行装饰，如图 6-37 所示。

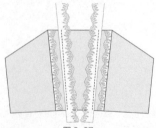

图 6-37

⑦ 裁掉多余的花边，如图 6-38 所示。

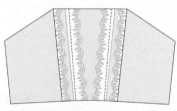

图 6-38

⑧ 将打褶好的花边压在胸前片上进行装饰，如图 6-39 所示。

图 6-39

⑨ 如果要做里布，则和面布的制作相同，正面相对缝好前中片和两边的前侧片，如图 6-40 所示。

图 6-40

⑪ 将做好的胸前片的面布和肩带正面相对，将肩带没缝合的那一边放到胸前片的面布上，稍稍车缝固定住，如图 6-42 所示。

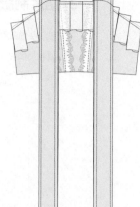

图 6-42

⑫ 将胸前片的里布和面布正面相对，把肩带夹在中间，然后车缝固定住上边，如图 6-43 所示。

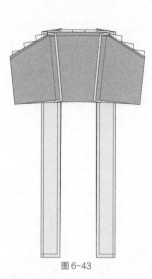

图 6-43

⑩ 胸前片的里布做好后翻到正面，如图 6-41 所示。

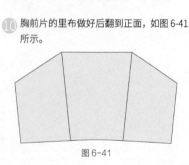

图 6-41

⓭ 缝好后翻到正面，衣前片就基本做好了，如图 6-44 所示。

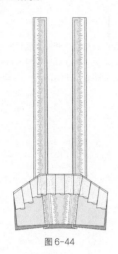

图 6-44

⓮ 拿出素鸡（后中片）的面布和里布，正面相对后，缝合上面的边，如图 6-45 所示。

图 6-45

⓯ 将素鸡翻到正面，缝出 3 条稍稍宽于橡筋的隧道，之后将橡筋穿过去，如图 6-46 所示。

图 6-46

⓰ 将素鸡调整到合适的长度后，车缝将两端固定住，如图 6-47 所示。

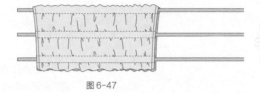

图 6-47

小贴士 合适的长度是指素鸡下边和胸前片的腰围差不多。同时因为胸比腰宽，所以素鸡上边要比下边宽一些。

⓱ 剪掉多余的橡筋，如图 6-48 所示。

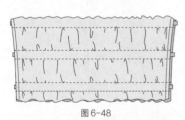

图 6-48

⓲ 拿出裙中片的布料，在预定的位置上车缝 3 条打褶好的花边进行装饰，如图 6-49 所示。

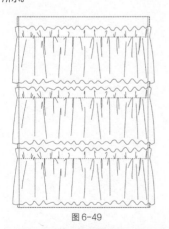

图 6-49

小贴士 可选择自己觉得好看的、撞色的、与裙子主体布料不同的棉布和雪纺等布料。

⓳ 正面相对缝合裙中片和裙前侧片，如图 6-50 所示。

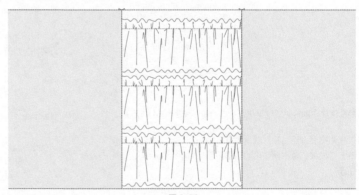

图 6-50

⓴ 在裙中片和裙前侧片拼合的地方压上花边进行装饰，同时在裙腰的部位以最大针距车两条线，方便之后进行手动抽褶，如图 6-51 所示。

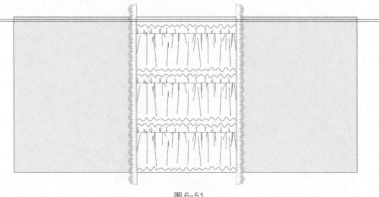

图 6-51

㉑ 抽拉刚刚车出的两条线，直至长度和上身前片一样，之后将褶子调整均匀，并打结固定好两边，如图6-52所示。

㉒ 将裙前片和衣前片相缝，如图6-53所示。做此步的时候，将裙前片夹在衣前片的面布和里布中间，同时将衣前片的缝份内折，如图6-54所示。这样可以很好地处理缝份，之后裙后片和衣后片相缝时也这样处理。

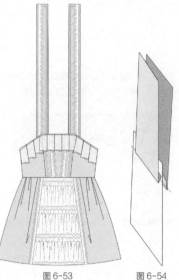

图 6-52   图 6-53   图 6-54

㉓ 拿出裙后片，同样用最大针距车两条线，用于后面的手动抽褶，如图6-55所示。

图 6-55

㉔ 抽拉刚刚车出的两条线，直至长度和上身后片一样，之后将褶子调整均匀，并打结固定好两边，如图6-56所示。

图 6-56

㉕ 将裙后片和衣后片相缝，如图6-57所示。

图 6-57

㉖ 拿出裁好的系带布料，将两片系带正面相对缝合，留出小的那个口子用来翻到正面，如图6-58所示。

㉗ 用长条工具把系带翻到正面，如图6-59所示。

㉘ 给系带的尾部压上花边进行装饰，如图6-60所示。

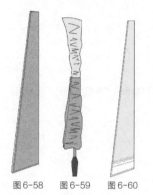

图 6-58   图 6-59   图 6-60

㉙ 把两根系带放在前片对应位置进行车缝固定，如图6-61所示。

㉚ 将裙前片和裙后片正面相对缝合侧缝并锁边；在素鸡上订扣子，在肩带上打扣眼；将裙摆花边和裙摆正面相对缝合并锁边，如图6-62所示。

㉛ 翻到正面后，整条裙子就制作完成啦，如图6-63所示。

小贴士 本款没有直接将肩带和后片缝到一起，而是做成了可调节的方式。

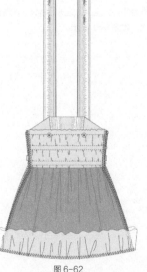
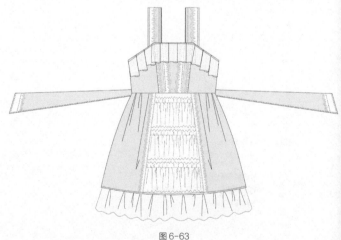

图 6-61   图 6-62   图 6-63

第 7 章

月兔

如图 7-1~7-4 所示，这是一条长袖拉链连衣裙，领子为一个假领，可以取下，胸口是口水兜的样式，可以搭配丝带或蝴蝶结装饰。这条连衣裙可以用印有可爱清新的印花布料来做，展现出穿衣人可爱、青春的一面。

图 7-1

图 7-2

图 7-3

图 7-4

7.2.1 版型数据

该款洛丽塔裙子的版型数据如表 7-1 所示。

表 7-1 版型数据

尺码	适合身高 / 胸围	服装胸围	腰围	肩宽	裙长
S	155/80cm	88.5cm	77cm	35cm	86cm
M	160/84cm	92.5cm	81cm	36.5cm	89cm
L	165/88cm	96.5cm	85cm	38cm	92cm

7.2.2 各片分解图

正面结构如图 7-5 所示。

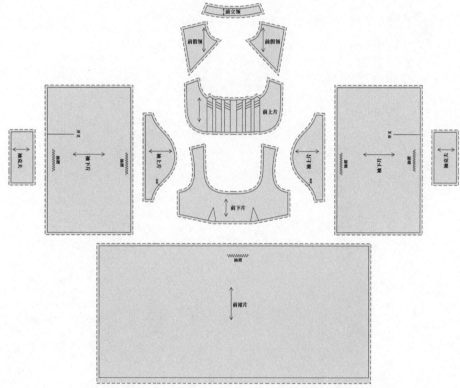

小贴士 前上片上的风琴褶做成全部顺一个方向或对称的方向都可以。

图 7-5

背面结构如图 7-6 和图 7-7 所示。

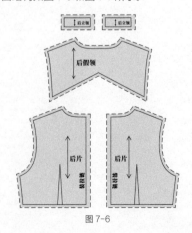

图 7-6

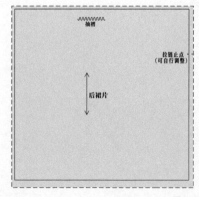

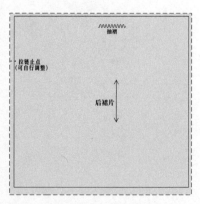

图 7-7

7.3 版型制图

7.3.1 注寸法制版

注寸法直接标注了各片的数据，如图7-8~图7-18所示。此方法简单易掌握，适合非专业的服装爱好者和新手使用。

S=蓝色   M=绿色   L=红色

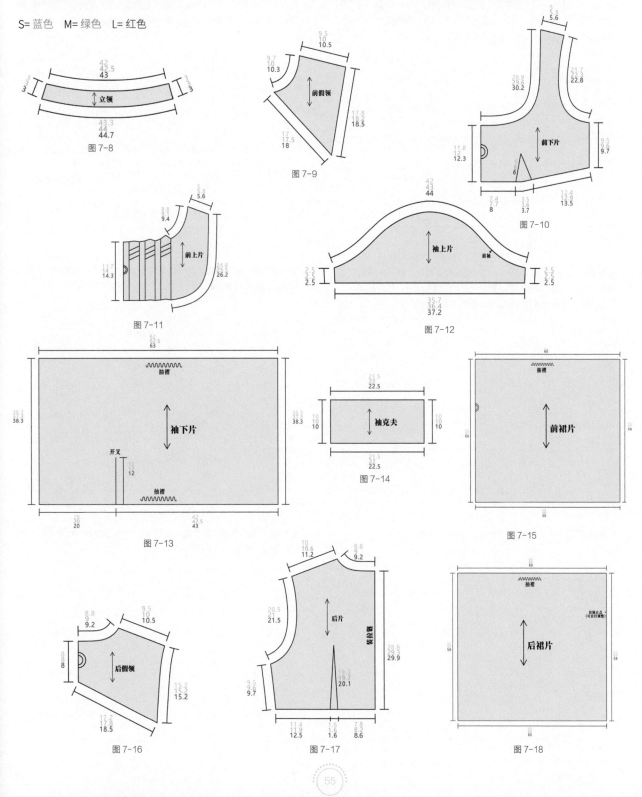

图7-8

图7-9

图7-10

图7-11

图7-12

图7-13

图7-14

图7-15

图7-16

图7-17

图7-18

7.3.2 原型法制版

原型法是在原型版的基础上进行制版，可以更加准确、科学、高效地制作出更合身的版型。首先需要按照本书第 3 章介绍的方法绘制好自身尺码的原型版，制图过程中所涉及的各类名称请参考本书 2.2 节。

1. 衣片制版

① 后颈点向下移 0.5cm，后侧颈点沿后肩线向右移 0.5cm，画一条后领窝弧线；前侧颈点沿前肩线向左移 0.5cm，前颈点向下移 1cm，画一条前领窝弧线，如图 7-19 所示。

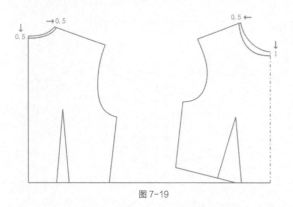

图 7-19

② 前肩点沿前肩线向右移 1cm，作为新的前肩点；以新的后侧颈点为起点，取和新的前肩线等长的线，作为新的后肩线。如图 7-20 所示。

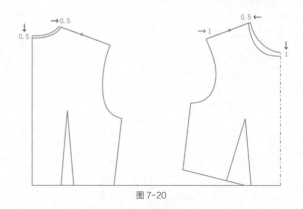

图 7-20

③ 后袖窿底点水平向左移 1cm，与新的后肩点相连，并画一条后袖窿弧线；前袖窿底点沿前侧缝线向下移动 1.5cm，与新的前肩点相连，并画一条前袖窿弧线，如图 7-21 所示。

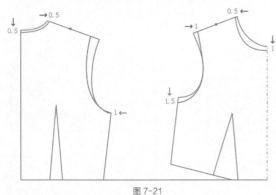

图 7-21

④ 画出经过新的后袖窿底点且平行于后侧缝线的线段，作为新的后侧缝线；前腰线按整体轮廓向上移动 7cm，如图 7-22 所示。

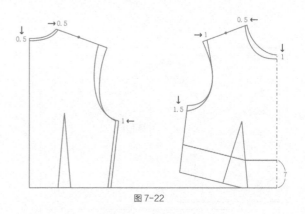

图 7-22

⑤ 后侧缝线取与前侧缝线相同的长度，如图 7-23 所示。

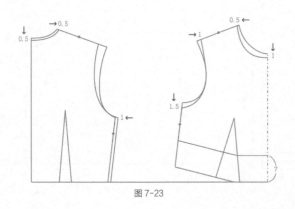

图 7-23

⑥ 通过新后侧缝线的下顶点画水平线与后中心线相交，确定出新的后腰线，如图 7-24 所示。

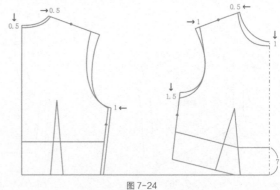

图 7-24

⑦ 后片用原型的后腰省；前片新的省尖位置定在原 BP 下 3cm 处，画出新的前腰省，如图 7-25 所示。

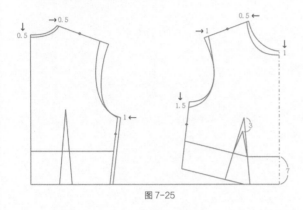

图 7-25

⑧ 在前颈点下 14cm 处取点，从此点向左画水平线，在新的前肩线 1/2 处画垂线与其相交，如图 7-26 所示。

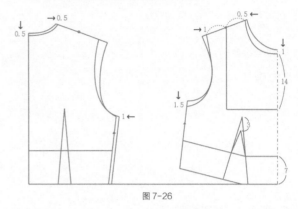

图 7-26

⑨ 以第 8 步画出的辅助线为基础，画出圆弧线，用作口水兜，如图 7-27 所示。

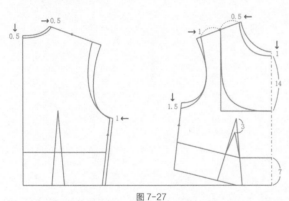

图 7-27

⑩ 完成衣片的基础制版，如图 7-28 所示。

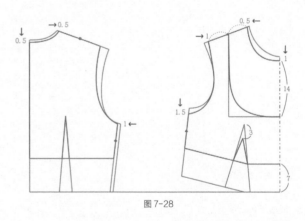

图 7-28

⑪ 从基础制版中分出口水兜，准备绘制风琴褶。画出 3 条垂线，间距为 1.2cm。在画出的 3 条线中分别加入 2.5cm 的褶量，褶子叠好后是一条弧线，所以这时上部会有一些凸出去的量，如图 7-29 所示。完成口水兜的制版，如图 7-30 所示。

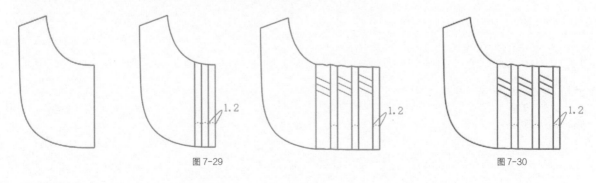

图 7-29   图 7-30

2. 袖片制版

① 袖长为 50cm，袖山高为（AH/4）cm。从袖山顶点分别取（后 AH+0.3）cm 和前 AHcm 的量往两侧画线并与袖肥线相交，如图 7-31 所示。

② 将前袖山斜线分为 4 等份，在第一等份处向右上垂直画出 1.6cm 的线段，在第三等份处向左下垂直画出 1cm 的线段；将后袖山斜线分为 3 等份，在第一等份处向左上垂直画出 1.5cm 的线段，把第三等份平均分成 2 等份后，取其中点向右下垂直画出 0.5cm 的线段，如图 7-32 所示。

③ 连接画出的辅助线的端点，依次画一条前、后袖山弧线，如图 7-33 所示。

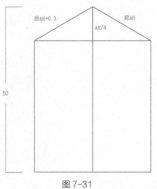

图 7-31

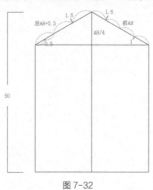

图 7-32

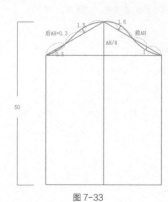

图 7-33

④ 向下移 2cm，画出袖肥线的平行线，对袖子进行分割，如图 7-34 所示。

⑤ 完成袖上片的制版，如图 7-35 所示。

⑥ 取袖下片，准备给袖下片进行加量，如图 7-36 所示。

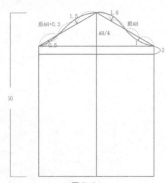

图 7-34

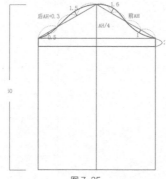

图 7-35

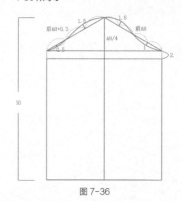

图 7-36

⑦ 把袖下片二等分，如图 7-37 所示。

图 7-37

⑧ 在袖下片中间加入 25cm 的量用于抽褶，如图 7-38 所示。

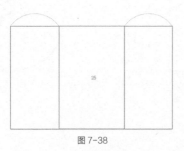

图 7-38

⑨ 从袖下片中点往左 10cm 定出开衩位置，开衩长度为 12cm，如图 7-39 所示。完成袖下片的制版，如图 7-40 所示。袖克夫版型如图 7-41 所示。

图 7-39

图 7-40

22（手腕周长+4松量）

图 7-41

3. 裙片制版

① 后裙片（两片）裙长 57cm，裙宽 60cm，如图 7-42 所示。

图 7-42

② 前裙片（一片）裙长 57cm，裙宽 120cm，如图 7-43 所示。前后裙片的长宽均可按自身的尺寸在此基础上增加或减少。

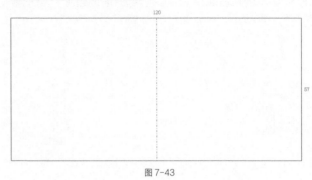

图 7-43

4. 领片制版

① 取出之前完成的衣片的基础版型，量出前、后领窝弧线的长度，如图 7-44 所示。

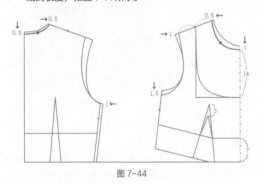

图 7-44

② 画出长度与前、后领窝弧线长度之和相等的水平线段作为领长，再画出 3cm 领高，如图 7-45 所示。

图 7-45

③ 将领长三等分，如图 7-46 所示。

图 7-46

④ 在领长右端点向上垂直画出 1.5cm 的线段，如图 7-47 所示。

图 7-47

⑤ 将画出的辅助线的端点与第三等份处相连，如图 7-48 所示。

图 7-48

⑥ 过第 5 步画出的辅助线的右端点画垂线，长度为 3cm，如图 7-49 所示。

图 7-49

⑦ 用弧线画出领子形状，如图 7-50 所示。

图 7-50

⑧ 完成领子形状的绘制，如图 7-51 所示。

图 7-51

小贴士 在注寸法制版中，前领和后领是分开的。在这里，我们直接把它们做成一片，我们可以选择多种方法来做同一个领子。

⑨ 对称画出另一侧领子，完成整个领子的制版，如图 7-52 所示。

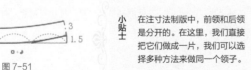

图 7-52

⑩ 在衣片上画出假领的形状，前假领终点取在沿前领窝弧线往左 3.5cm 处，肩部取长度 10cm，后中线上取长度 8cm，如图 7-53 所示。完成假领的制版，如图 7-54 所示。

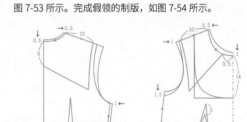

图 7-53

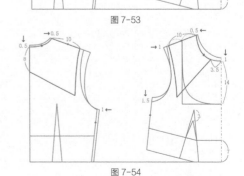

图 7-54

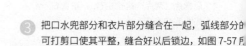

布料正面　　布料背面　　花边/蕾丝

① 取口水兜，沿着顺褶的方向把褶收起来，如图 7-55 所示。

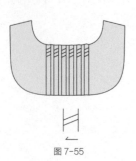

图 7-55

② 在褶的折叠线上车一些线以固定，如图 7-56 所示。

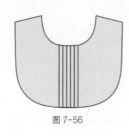

图 7-56

③ 把口水兜部分和衣片部分缝合在一起，弧线部分可打剪口使其平整，缝合好以后锁边，如图 7-57 所示。

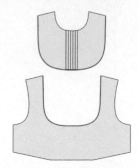

图 7-57

④ 口水兜和衣片拼合好后如图 7-58 所示。

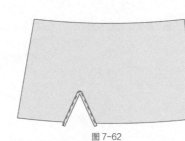

图 7-58

⑤ 收前片的省，如图 7-59 所示。

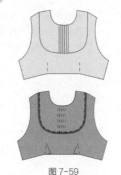

图 7-59

⑥ 收后片的省，如图 7-60 所示。

图 7-60

⑦ 将袖子开口处沿线剪开，如图 7-61 所示。

图 7-61

⑧ 用包边条包住开口处，如图 7-62 所示。

图 7-62

⑨ 在袖子上端部分用缝纫机的最大针距车两条线，用来进行手动抽褶，如图 7-63 所示。

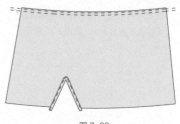

图 7-63

⑩ 手动抽拉车好的线，使其长度和袖上片长度一样，之后将褶子调整均匀，如图 7-64 所示。

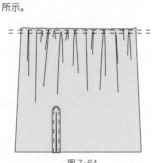

图 7-64

⑪ 把抽好褶的袖下片与袖上片缝合并锁边，如图 7-65 所示。

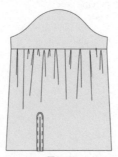

图 7-65

⑫ 将两侧袖子和衣片正面相对拼合，并锁边，如图 7-66 所示。

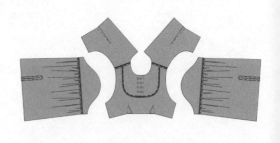

图 7-66

⑬ 衣服正面相对沿肩线对折后，缝合袖底缝和前后衣片的侧缝并锁边，如图 7-67 所示。

图 7-67

⑭ 将前后裙片缝合并锁边，如图 7-68 所示（如果裁剪的是一整片裙片则可省略这一步）。

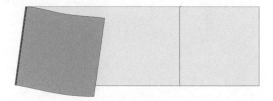

图 7-68

⑮ 在裙片腰线位置用缝纫机的最大针距车两条线，用来进行手动抽褶，如图 7-69 所示。

图 7-69

⑯ 手动抽拉车好的线，使其整体长度和上身衣片长度一样，之后将褶子调整均匀，如图 7-70 所示。

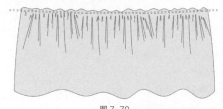

图 7-70

⑰ 缝合裙片和上衣片，并锁边，如图 7-71 所示。

图 7-71

⑱ 缝合前后立领侧边，正面相对，缝合上部分，如图 7-72 所示（如果制版时将整个领子做成一份，则可省略这一步）。

图 7-72

⑲ 将领片缝合到衣片的对应位置上，如图 7-73 所示。

图 7-73

⑳ 在后侧缝线的位置装好拉链后，再缝合不需要装拉链的地方，将裙摆三折边的压线处理好，如图 7-74 所示。

图 7-74

㉑ 袖克夫正面相对缝合，可把下部分缝份的外层往上翻折，方便上袖克夫，如图 7-75 所示。

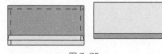

图 7-75

㉒ 将袖克夫缝合到袖子上，如图 7-76 所示。

图 7-76

㉓ 衣服翻到正面，整体基本完成，如图 7-77 所示。

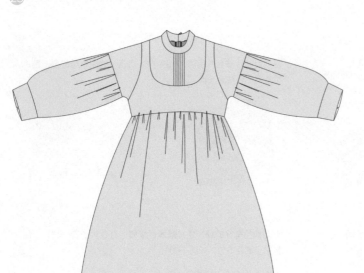

图 7-77

㉔ 将假领拼合肩缝并劈开熨烫，如图 7-78 所示。

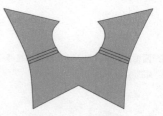

图 7-78

㉕ 两片假领正面相对，缝合一周，在直线位置留下约 4cm 的口不缝，作为翻口，如图 7-79 所示。

图 7-79

㉖ 把领翻到正面后，压 0.2cm 的线，装饰的同时可固定住翻口处，如图 7-80 所示。

图 7-80

㉗ 将假领放在对应位置上并用暗扣固定，不用时可拆下，整条裙子完成制作，如图 7-81 所示。

图 7-81

第 8 章

樱花姬

如图 8-1~8-4 所示，这是一条比较偏向于和风的连衣裙，袖子可以自行选择是否使用。这条裙子整体采用红白的色彩搭配，制作时可以选择一些偏日式的印花布料，胸前用了一个比较大的蝴蝶结进行装饰，整体给人比较可爱、活泼的感觉。

图 8-1

图 8-2

图 8-3

图 8-4

8.2.1 版型数据

该款洛丽塔裙子的版型数据如表 8-1 所示。

表 8-1 版型数据

尺码	适合身高 / 胸围	服装胸围	裙长
S	155/80cm	86cm	93cm
M	160/84cm	90cm	95.5cm
L	165/88cm	94cm	97.5cm

8.2.2 各片分解图

整体结构如图 8-5 所示。

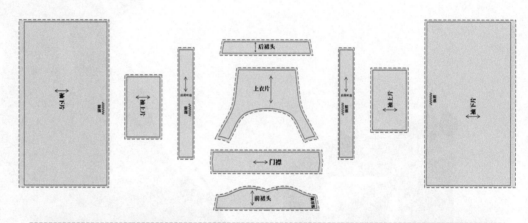

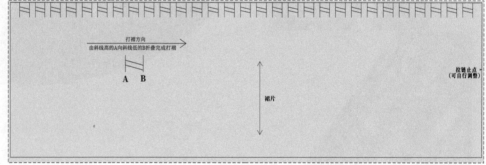

小贴士 此款式上衣片前后是一个整体。

图 8-5

胸前蝴蝶结结构如图 8-6 所示。

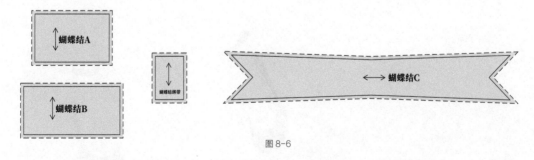

图 8-6

8.3.1 注寸法制版

注寸法直接标注了各版片的数据，如图8-7~图8-18所示。此方法简单易掌握，适合非专业的服装爱好者和新手使用。

S=蓝色　M=绿色　L=红色

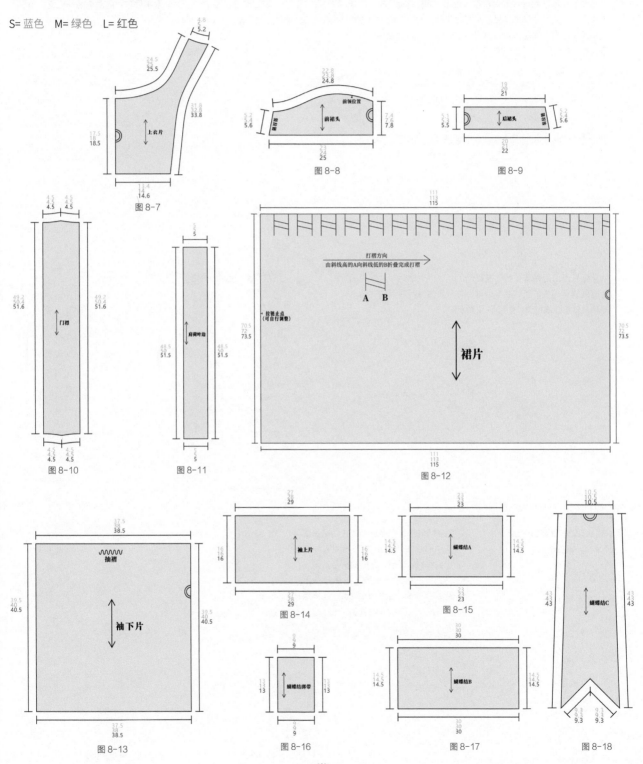

8.3.2 原型法制版

原型法是在原型版的基础上进行制版，可以更加准确、科学、高效地制作出更合身的版型。首先需要按照本书第 3 章介绍的方法绘制好自身尺码的原型版，制图过程中所涉及的各类名称请参考本书 2.2 节。

1. 衣片制版

① 前袖窿底点沿前袖窿弧线向右移动 2cm，向上移动 2.5cm，作为新的袖窿底点；前侧缝线水平向右移动到与新的袖窿底点相交；前颈点向下移动 8cm 定出新的前颈点，与新的袖窿底点相连并画一条弧线，如图 8-19 所示。

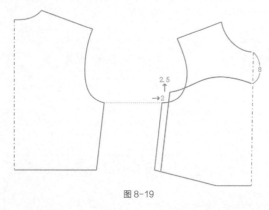

图 8-19

② 从新的前颈点往下 7.6cm 处画水平线与新的前侧缝线相交，如图 8-20 所示。

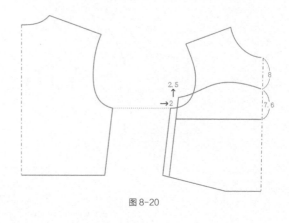

图 8-20

③ 后袖窿底点沿后袖窿弧线往左移动 1cm，并以此为中点画和前侧缝线镜像等长的新的后侧缝线，并从后侧缝两端点向左画水平线与后中心线相交，如图 8-21 所示。

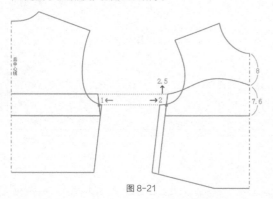

图 8-21

④ 完成前裙头和后裙头的制版，如图 8-22 所示。

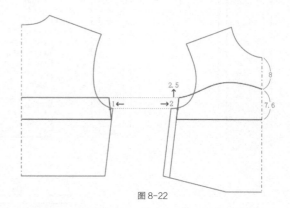

图 8-22

⑤ 将前后衣片在肩线处相交 1.5cm，如图 8-23 所示。

图 8-23

⑥ 后颈点向下移动 0.5cm，在前裙头上从中心线往外 8cm 处开始画弧线连接到新的后颈点，在前裙头上从刚才的点再往右 5cm 取点，在后裙头上从后中心线向右 14cm 取点，连接两点并画一条弧线，如图 8-24 所示。

⑦ 完成上衣片的制版，如图 8-25 所示。

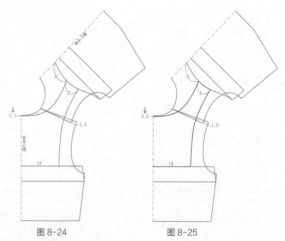

图 8-24   图 8-25

⑧ 量出领圈的长度，作为领长。量出领和前裙头相交处的角度，并以此角度画线与领长线段相交，设置领宽为 4.5cm，平行画出领的另一条边，如图 8-26 所示。

⑨ 向右对称画出领的另一半，向上对称画出另一半领条（门襟），如图 8-27 所示。

⑩ 量出袖子的长度，并画出等长的线段，然后将其二等分，如图 8-28 所示。

⑪ 在原长度上再加上一等份的长度，画出荷叶边的长度，荷叶边的宽度取5cm。完成荷叶边的制版，如图 8-29 所示。

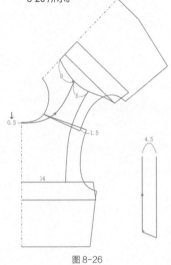

图 8-26

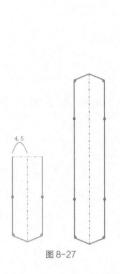

图 8-27

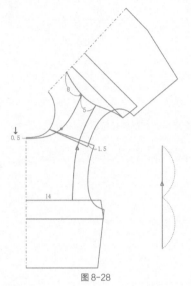

图 8-28

图 8-29

2. 裙片制版

① 量出前、后裙头的长度并相加作为裙宽画出，裙长为72cm，如图 8-30 所示。

② 镜像画出另一半裙宽，从而定出整个裙宽，如图 8-31 所示。

③ 把裙子分为 27 等份，其中两边各占半等份，如图 8-32 所示。

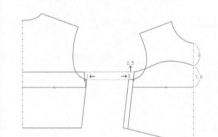

图 8-30

图 8-31

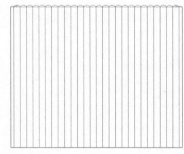

图 8-32

④ 把等份处破开，并各加入 5cm 的褶量，完成裙片制版，如图 8-33 所示。

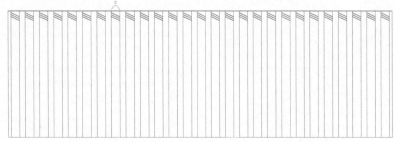

图 8-33

3. 蝴蝶结制版

① 画蝴蝶结 A，长 23cm，宽 14.5cm，如图 8-34 所示。

图 8-34

② 画蝴蝶结 B，长 30cm，宽 14.5cm，如图 8-35 所示。

图 8-35

③ 画蝴蝶结 C，长 86cm，宽 13.5cm，并在上下中点向内收 1.5cm，两边中点向内收 6.5cm，如图 8-36 所示。

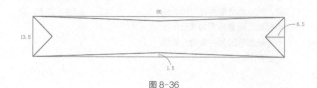

图 8-36

4. 袖片制版

① 画袖上片，宽 28cm，长 16cm，如图 8-37 所示。

图 8-37

② 画袖下片，宽 76cm，长 40cm，如图 8-38 所示。

图 8-38

8.4 缝纫过程与方法

布料正面	布料背面	花边/蕾丝

① 将裙片的下摆三折边收边，如图 8-39 所示。

图 8-39

② 收褶并车一条线固定，如图 8-40 所示。

图 8-40

③ 将门襟烫衬，如图 8-41 所示。

图 8-41

④ 将门襟对折后夹着衣片门襟处缝合，如图 8-42 所示。

图 8-42

⑤ 将荷叶边下部三折边收边，如图 8-43 所示。

图 8-43

⑥ 用缝纫机的最大针距在荷叶边上部车两条线，并手动收褶，收到长度和袖窿弧线一样长，如图 8-44 所示。

图 8-44

⑦ 将衣片翻至背面，荷叶边和袖窿处相缝，并锁边，如图 8-45 所示。

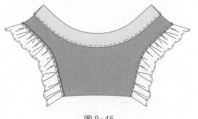

图 8-45

⑧ 将前、后裙头正面相对，在不装拉链的一侧缝合，里布和面布的操作相同，如图8-46所示。

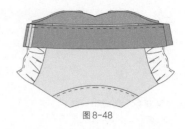

图8-46

⑨ 将后裙头的面布和里布正面相对，并把上衣片的后面部分夹在后裙头的面布和里布之间缝合固定，如图8-47所示。

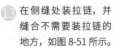

图8-47

⑩ 用同样的方式处理上衣片的前面部分，此处要对齐肩带和前裙头，如图8-48所示。

图8-48

⑪ 做好后翻到正面，如图8-49所示。

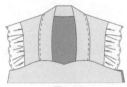

图8-49

⑫ 把裙片和衣片缝合，裙片夹在衣片中间缝合，侧缝不缝留着装拉链，如图8-50所示。

图8-50

⑬ 在侧缝处装拉链，并缝合不需要装拉链的地方，如图8-51所示。

图8-51

⑭ 完成如图8-52所示。

图8-52

⑮ 袖下片正面相对，下边三折边收边，如图8-53所示。

图8-53

⑯ 在袖下片的上边用缝纫机的最大针距车两条线，用于进行手动抽褶，如图8-54所示。

图8-54

⑰ 手动抽褶到和袖上片长度相同，将褶子调整均匀，如图8-55所示。

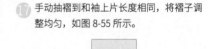

图8-55

⑱ 袖下片左右对折后缝合，并锁边，如图8-56所示。

图8-56

⑲ 袖上片正面相对左右对折后缝合，并锁边，如图8-57所示。

图8-57

⑳ 将袖上片和袖下片对齐，如图8-58所示。

图8-58

㉑ 将袖上片上下对折后，把袖下片夹在袖上片中间缝合，如图8-59所示。

图8-59

㉒ 翻到正面，袖子部分完成，如图8-60所示。

图8-60

㉓ 将蝴蝶结绑带正面相对缝合,如图8-61所示。

图8-61

㉔ 将蝴蝶结A正面相对缝合,任意边留出4cm的翻口先不缝,如图8-62所示。

图8-62

㉕ 从翻口处把蝴蝶结A翻到正面,并在外圈0.2cm处用线固定翻口处,如图8-63所示。

图8-63

㉖ 用同样的方式做好蝴蝶结B,如图8-64所示。

图8-64

㉗ 将蝴蝶结C正面相对缝合,也先留出4cm的翻口不缝,如图8-65所示。

图8-65

㉘ 从翻口处把蝴蝶结C翻到正面,并在外圈0.2cm处用线固定翻口处,如图8-66所示。

图8-66

㉙ 把蝴蝶结A、B、C对在一起后,用绑带绑住,完成蝴蝶结的制作,如图8-67所示。

图8-67

第 9 章

白色精灵

如图 9-1~9-4 所示，这是一条带拉链的吊带连衣裙，配有披肩（罩衫）和 Bonnet（制作方法请参考本书第 17 章），整体采用纯色的纱类面料和蕾丝花边制作而成。样衣采用白色布料制作，给人纯洁、天真的感觉，也可以采用洋红色、淡紫色等其他颜色的布料进行制作，形成其他风格。

图 9-1

图 9-2

图 9-3

图 9-4

9.2.1 版型数据

该款洛丽塔裙子的版型数据如表 9-1 所示。

表 9-1 版型数据

尺码	适合身高 / 胸围	服装胸围	腰围	裙长
S	155/80cm	87cm	70cm	75cm
M	160/84cm	91cm	74cm	76.5cm
L	165/88cm	95cm	78cm	78cm

裙长数据不包括肩带的长度。

9.2.2 各片分解图

正面结构如图 9-5 所示。　　　　　　　　　　　　　　　　背面结构如图 9-6 所示。

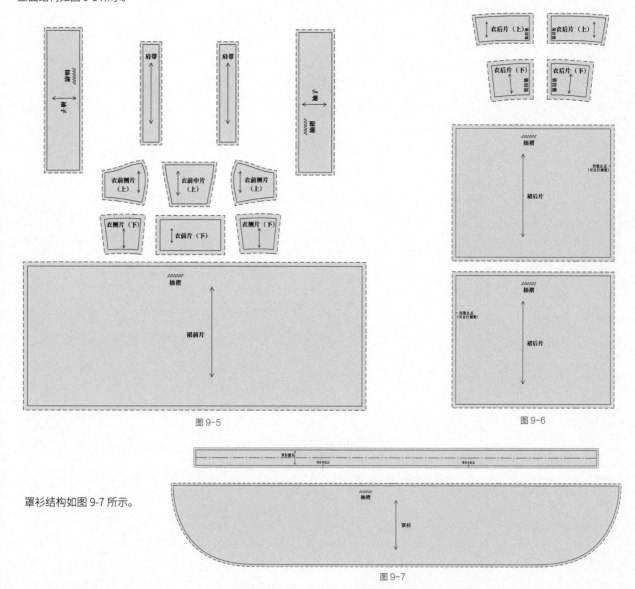

图 9-5　　　　　　　　　　　　　　　　　图 9-6

罩衫结构如图 9-7 所示。

图 9-7

9.3.1 注寸法制版

注寸法直接标注了各版片的数据，如图 9-8~ 图 9-19 所示。此方法简单易掌握，适合非专业的服装爱好者和新手使用。

S= 蓝色　M= 绿色　L= 红色

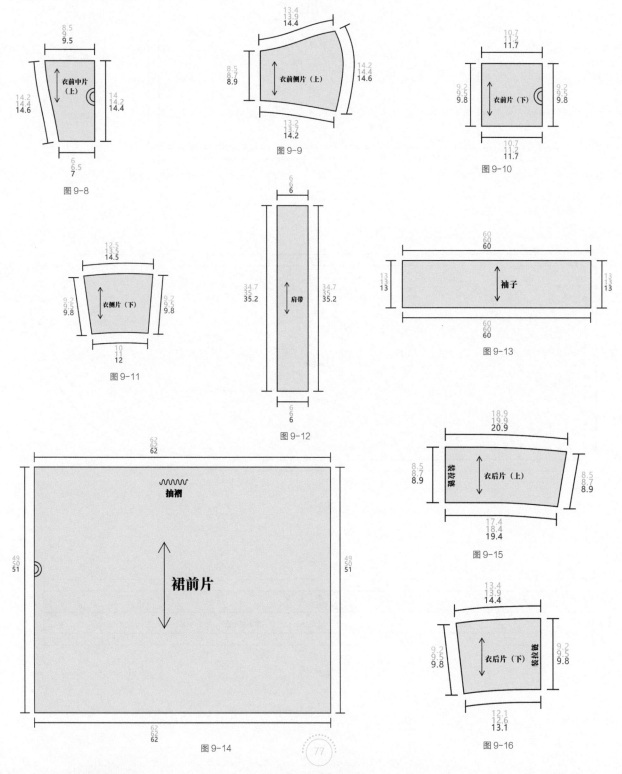

图 9-8

图 9-9

图 9-10

图 9-11

图 9-12

图 9-13

图 9-14

图 9-15

图 9-16

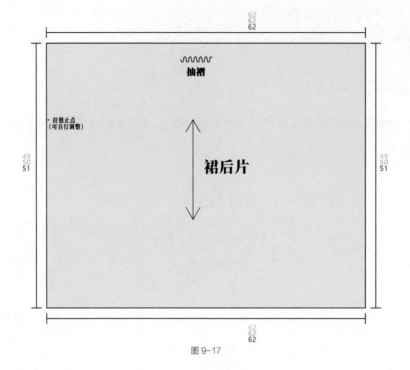

图 9-17

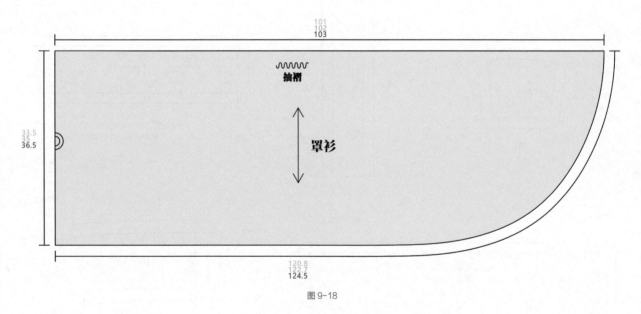

图 9-18

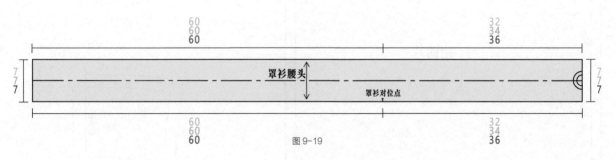

图 9-19

9.3.2　原型法制版

原型法是在原型版的基础上进行制版，可以更加准确、科学、高效地制作出更合身的版型。首先需要按照本书第 3 章介绍的方法绘制好自身尺码的原型版，制图过程中所涉及的各类名称请参考本书 2.2 节。

1. 衣片制版

① 拿出原型版，使前、后袖窿底点水平对齐，在前肩线上取中点，并与原型版的 BP 相连，如图 9-20 所示。

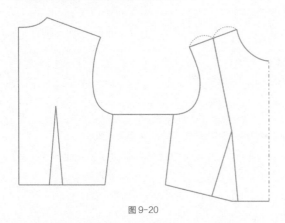

图 9-20

② 把原型版的前腰省转一部分到画出的新省线上，如图 9-21 所示。

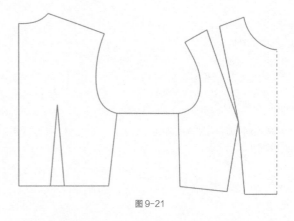

图 9-21

③ 后袖窿底点沿后袖窿弧线向左移动 1.5cm、向上移动 1cm，得到新的后袖窿底点，过此点画与后侧缝线平行的直线。前袖窿底点沿前袖窿弧线向右移动 1cm、向上移动 1cm，得到新的前袖窿底点，过此点画与前侧缝线平行的直线，如图 9-22 所示。

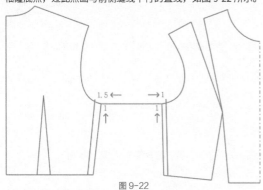

图 9-22

④ 从新的后袖窿底点向左画水平线与后中心线相交，从前片前颈点沿前中心线向下 10cm 处画水平线与前侧片相交，将相交点与新的前袖窿底点相连，如图 9-23 所示。

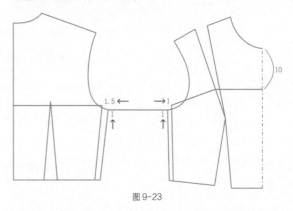

图 9-23

⑤ 将前中片和后片的腰线都平行向上移动 9.5cm，先确定新的后侧缝线，以与后侧缝线相等的长度取前侧缝线，然后从前侧缝线下端点画出前侧片底边的平行线，如图 9-24 所示。

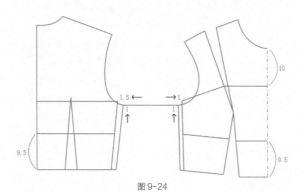

图 9-24

⑥ 前中片、前侧片破缝处的上边各向内收 0.3cm，下边各向内收 0.5cm，画一条弧线，此时尖角处大约会向内收 0.2cm，如图 9-25 所示。

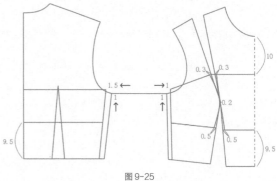

图 9-25

⑦ 将后腰省的省尖向下移动至第 4 步画的水平线上，后腰省其余部分不变。在前片中分别连接第 6 步收进 0.5cm 后的点到原前腰省两端点，如图 9-26 所示。

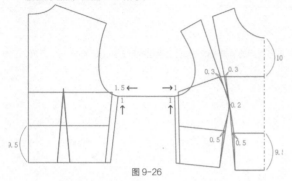

图 9-26

⑧ 完成衣片的基础制版，如图 9-27 所示。

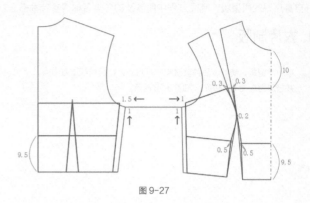

图 9-27

⑨ 取出衣前侧片（上）和衣前中片（上），如图 9-28 所示。

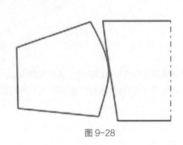

图 9-28

⑩ 取出后上片衣片，合并省，修顺弧线，完成衣后片（上），如图 9-29 所示。

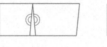

图 9-29

⑪ 取出后下片衣片，合并省，修顺弧线，完成临时衣后片（下），如图 9-30 所示。

图 9-30

⑫ 取出前下片衣片，合并省，修顺弧线，完成临时衣前片（下），如图 9-31 所示。

图 9-31

⑬ 取出临时衣后片（下）和临时衣前片（下），如图 9-32 所示。

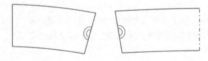

图 9-32

⑭ 沿侧缝将两片拼合在一起，如图 9-33 所示。

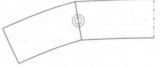

图 9-33

⑮ 修顺弧线，如图 9-34 所示。

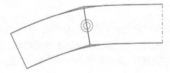

图 9-34

⑯ 完成整体的衣下片，如图 9-35 所示。

图 9-35

⑰ 做新的分割线，如图 9-36 所示。

图 9-36

⑱ 完成衣后片（下）、衣侧片（下）和衣前片（下）的基础制版，从左至右如图 9-37 所示。

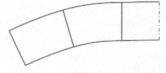

图 9-37

2. 肩带制版

① 从后肩线 1/2 处往后片 1/2 处画线段，量出前后肩带的长度并相加，算出肩带长度，如图 9-38 所示。

② 画出肩带，长为第 1 步的计算结果，宽为 6cm，如图 9-39 所示。

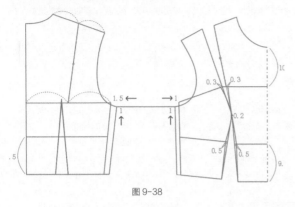

图 9-38

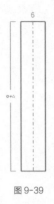

图 9-39

3. 裙片制版

① 画裙后片（共两片），宽 62cm，高 50cm，如图 9-40 所示。

② 画裙前片，宽 62cm，高 50cm（一半裙片量，虚线表示还有对称的另一半），如图 9-41 所示。

图 9-40

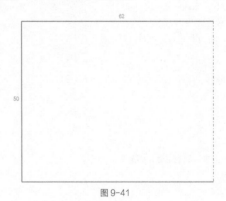

图 9-41

4. 罩衫制版

画罩衫，宽 102cm，高 35cm（一半罩衫长，虚线表示还有对称的另一半），从右上侧顶点画弧线到底边，经过离右下角 45°的直线大约 13.5cm 的点，如图 9-42 所示。

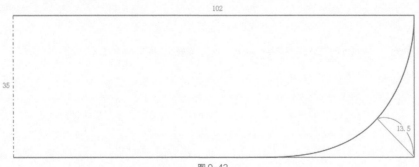

图 9-42

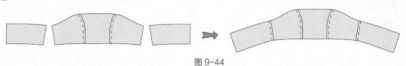

布料正面　　　布料背面　　　花边／蕾丝

1 将衣前中片（上）和衣前侧片（上）缝合，得到衣前片（上），如图 9-43 所示。

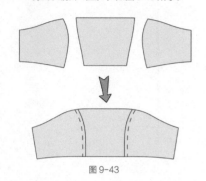

图 9-43

2 拿出衣后片（上），与刚完成的衣前片（上）缝合，如图 9-44 所示，用同样的方法处理好里布。

图 9-44

3 对荷叶边的三边进行三折边收缝份，上边用缝纫机的最大针距车两条线，准备进行手动抽褶，如图 9-45 所示。

图 9-45

4 抽拉上边的线进行手动抽褶，使抽褶后荷叶边和肩带对应位置的长度相等，将褶子调整均匀，如图 9-46 所示。

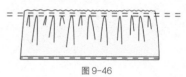

图 9-46

5 将肩带的一边和抽褶后的荷叶边相缝，如图 9-47 所示。

6 将肩带的另一边折过来压住缝份，把荷叶边夹在中间，如图 9-48 所示。

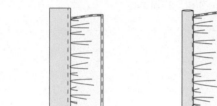

图 9-47　　　　　图 9-48

7 将肩带夹在上衣片的里布和面布之间，并缝合上边，两边做法相同，如图 9-49 所示。

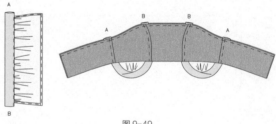

图 9-49

8 缝好后将上衣片翻到正面，如图 9-50 所示。

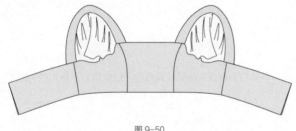

图 9-50

9 拼合下衣片，也就是腰部衣片，如图 9-51 所示，用同样的方法缝好里布。

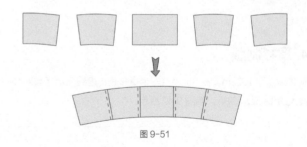

图 9-51

10 将处理好的腰部衣片的里布和面布夹住做好的上衣片并缝合，如图 9-52 所示。

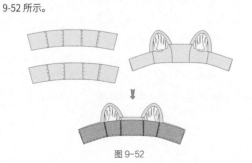

图 9-52

11 车好后，将下衣片翻过来，如图 9-53 所示。

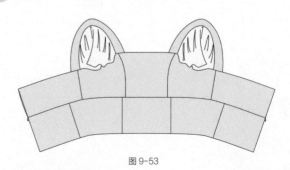

图 9-53

⑫ 将前后裙片相缝，如图 9-54 所示。

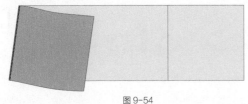

图 9-54

⑬ 花边抽褶后与裙摆缝合，如图 9-55 所示。

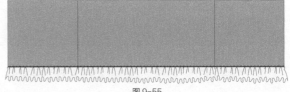

图 9-55

⑭ 裙腰处用缝纫机的最大针距车两条线，准备进行手动抽褶，如图 9-56 所示。

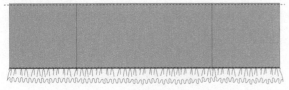

图 9-56

⑮ 抽拉刚车的两条线，手动抽褶到长度和上衣片对应位置的长度相同，将褶子调整均匀，如图 9-57 所示。

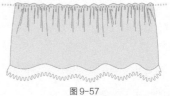

图 9-57

⑯ 将裙片和衣片在腰处缝合，并锁边，如图 9-58 所示。

⑰ 在裙后中上部位装拉链，并缝合不需要装拉链的地方，如图 9-59 所示。

⑱ 做好后翻到正面，完成裙子的制作，如图 9-60 所示。

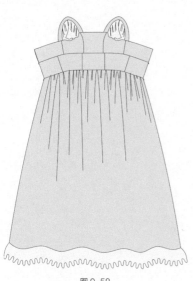

图 9-58

图 9-59

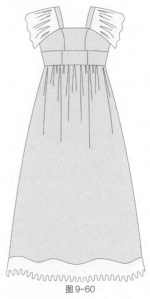

图 9-60

⑲ 在罩衫的裙腰处用缝纫机的最大针距车两条线，准备进行手动抽褶，如图 9-61 所示。

图 9-61

⑳ 将裙腰抽褶到和腰围等长，将褶子调整均匀，如图 9-62 所示。

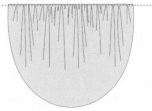

图 9-62

㉑ 将罩衫腰头背面相对缝合两端，如图 9-63 所示。

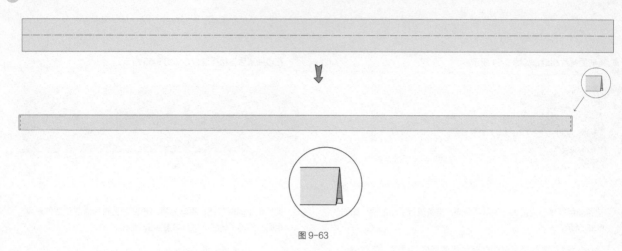

图 9-63

㉒ 将罩衫腰头夹住罩衫缝合，完成罩衫的制作，
如图 9-64 所示。

小贴士 如果想用花边装饰罩衫，可以直接将其车上去；罩衫的布料如果容易滑丝，还要进行三折边收边。

图 9-64

第 ⑩ 章

抱银鼠的喵

10.1 洛丽塔裙子展示

如图 10-1~10-3 所示，这是一款带拉链的一字肩连衣裙，袖子部分为双层，具有层次感。整个主体布料上的印花为达·芬奇的名画《抱银鼠的女子》喵化版的柄图和吊灯、宝石等。这些印花偏向于宫廷风，比较符合这款裙子的风格。

图 10-1

图 10-2

图 10-3

10.2.1 版型数据

该款洛丽塔裙子的版型数据如表 10-1 所示。

表 10-1 版型数据

尺码	适合身高 / 胸围	服装胸围	腰围	裙长
S	155/80cm	88cm	74cm	96cm
M	160/84cm	92cm	78cm	99cm
L	165/88cm	96cm	82cm	102cm

10.2.2 各片分解图

正面结构如图 10-4 所示。

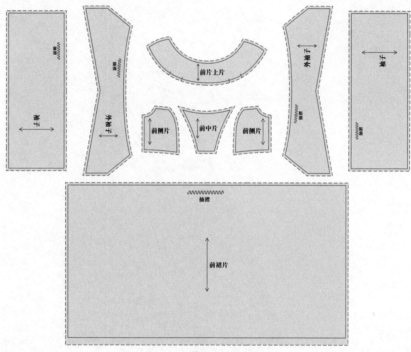

图 10-4

背面结构如图 10-5 所示。

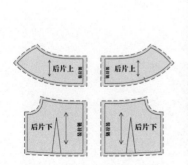
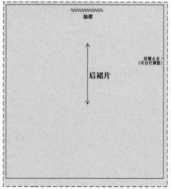
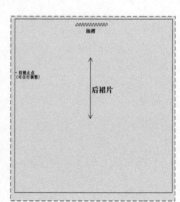

图 10-5

10.3.1 注寸法制版

注寸法直接标注了各版片的数据，如图 10-6~ 图 10-14 所示。此方法简单易掌握，适合非专业的服装爱好者和新手使用。

S= 蓝色　M= 绿色　L= 红色

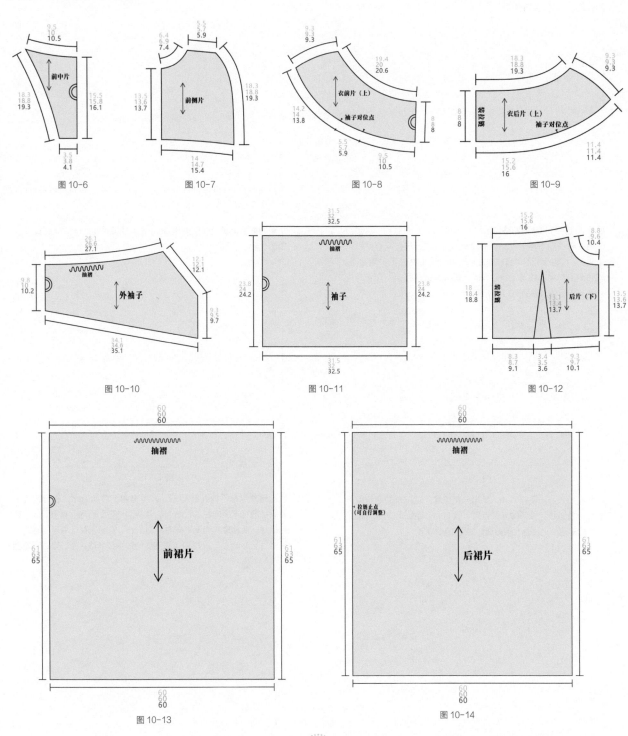

图 10-6　　　　图 10-7　　　　图 10-8　　　　图 10-9

图 10-10　　　　图 10-11　　　　图 10-12

图 10-13　　　　图 10-14

10.3.2　原型法制版

原型法是在原型版的基础上进行制版，可以更加准确、科学、高效地制作出更合身的版型。首先需要按照本书第 3 章介绍的方法绘制好自身尺码的原型版，制图过程中所涉及的各类名称请参考本书 2.2 节。

1. 衣片制版

① 从后肩点向右水平画出 10cm 的线段，向下垂直画出 10cm 的线段。从前肩点向左水平画出 10cm 的线段，向下垂直画出 10cm 的线段，如图 10-15 所示。

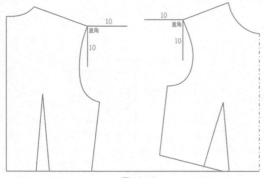

图 10-15

② 将上一步画出的两条线段的端点分别相连，在新线段上取中点分别与前、后肩点相连，如图 10-16 所示。

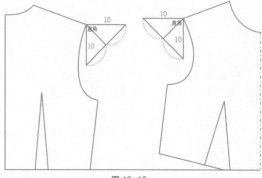

图 10-16

③ 后侧颈点沿后肩线向右移动 10cm，形成新的后侧颈点，后颈点沿后中心线向下移动 4cm，形成新的后颈点，连接两点并画一条弧线。前侧颈点沿前肩线向左移动 10cm，形成新的前侧颈点，前颈点沿前中心线向下移动 5cm，形成新的前颈点，连接两点并画一条弧线，如图 10-17 所示。

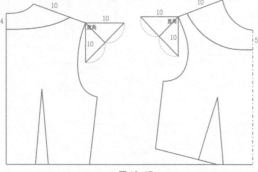

图 10-17

④ 从新的前后侧颈点分别画出 8cm 长的顺弧线作为新的前后肩线，如图 10-18 所示。

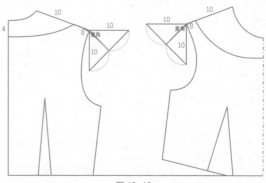

图 10-18

⑤ 从新的后颈点向下取 8cm，定出分割位置，并与新的后肩点连接画一条弧线。从新的前颈点向下取 8cm，定出分割位置，并与新的前肩点连接画一条弧线，如图 10-19 所示。

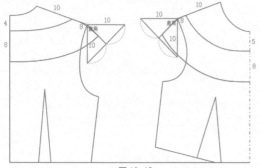

图 10-19

⑥ 后袖窿底点水平向左移动 1cm，垂直向上移动 1cm，在分割线上取原袖窿线水平向左 3.7cm 处，连接两点得到新的后袖窿弧线，并画弧线。前袖窿底点水平向右移动 1cm，在分割线上取原前袖窿弧线向右 2.4cm 处，连接两点得到新的前袖窿弧线，并画弧线，如图 10-20 所示。

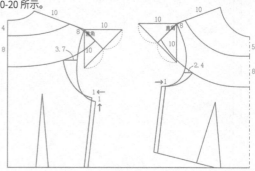

图 10-20

⑦ 分别在沿前片分割线右端点向左 10cm、前腰线右端点向左 3.5cm 处取点，并连接两点，如图 10-21 所示。

⑧ 从上一步在前腰线上取点处再向左 3cm 处取点，过 BP 画水平线与上一步画的线段相交，连接两点作为新的省线待用，如图 10-22 所示。

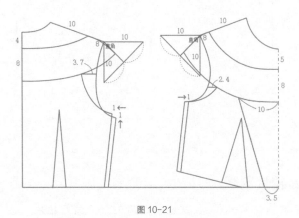

图 10-21

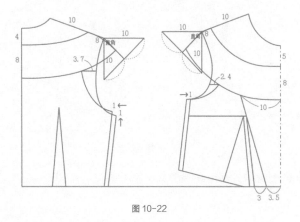

图 10-22

⑨ 后腰线取腰围除以 4，加 1cm 的松量，减 1cm 的从前片借去的量，再加 3cm 的省量，再连接后腰线的右端点和新的后袖隆底点；前腰线取腰围除以 4，加 0.5cm 的松量，加 1cm 的从后片借来的量，再加 3cm 的省量，再连接前腰线的左端点和第 8 步中前侧缝线与水平线的交点，如图 10-23 所示。

⑩ 量出前后侧缝线的差值，把差值的量做到侧缝省中去，此时前后片中的橘色线等长，如图 10-24 所示。

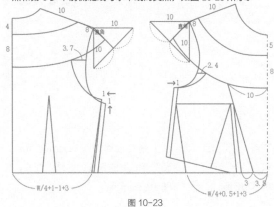

图 10-23

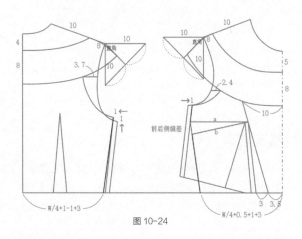

图 10-24

⑪ 合并侧缝省，使 a、b 线合在一起，如图 10-25 所示。

⑫ 修顺弧线，如图 10-26 所示。

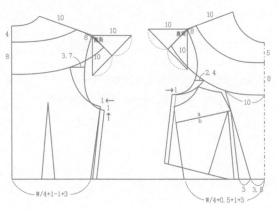

图 10-25

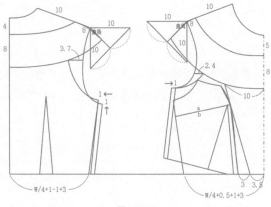

图 10-26

⑬ 后腰线向上移动 5cm，取等长的前、后侧缝线，再画出新的前腰线，如图 10-27 所示。

⑭ 在后片分割线处向下留出 0.5cm 的量，并画出后省，如图 10-28 所示。

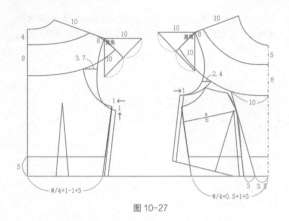

图 10-27

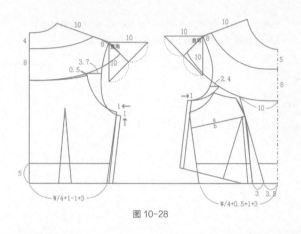

图 10-28

⑮ 完成衣片的基础制版，如图 10-29 所示。

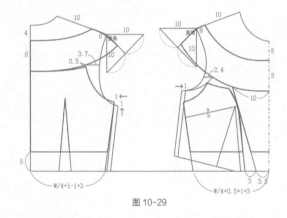

图 10-29

2. 裙片制版

画前裙片（一半），宽 60cm，高 63cm；画后裙片，宽 60cm，高 63cm，如图 10-30 所示。

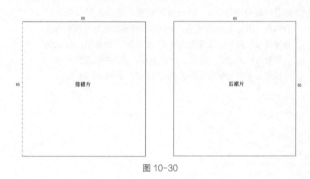

图 10-30

3. 袖片制版

① 画长 34cm、宽 19cm 的矩形（一侧为虚线，表示还有对称的另一半），如图 10-31 所示。

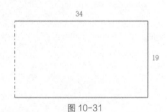

图 10-31

② 从左顶点向下 2.7cm 处取点，以及上线右顶点向左 7.5cm 处取点，连接两点并画一条弧线，如图 10-32 所示。

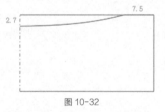

图 10-32

③ 从上线右顶点向下 9.5cm 处取点，和第 2 步画的弧线的右端点连接，如图 10-33 所示。

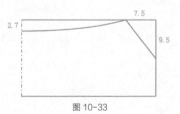

图 10-33

④ 从第 2 步画的弧线的左端点向下 10cm 处取点，与下线右顶点相连，如图 10-34 所示。

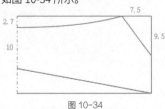

图 10-34

⑤ 完成外层袖子（一半）的绘制，如图 10-35 所示。

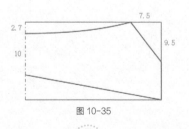

图 10-35

⑥ 画出内层袖子（一半），长 32cm，宽 24cm，如图 10-36 所示。

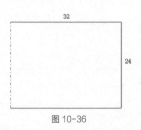

图 10-36

10.4 缝纫过程与方法

布料正面　　布料背面　　花边 / 蕾丝

① 准备好前侧片和前中片，如图 10-37 所示。

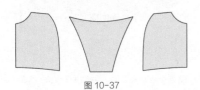

图 10-37

② 将前侧片和前中片缝合并锁边，如图 10-38 所示。

图 10-38

③ 将衣后片（下）收省，如图 10-39 所示。

图 10-39

④ 对外层袖子除了收褶一边的其他三边进行三折边收缝份，如图 10-40 所示。

图 10-40

⑤ 在准备收褶的一边用缝纫机的最大针距车两条线，准备进行手动收褶，如图 10-41 所示。

图 10-41

⑥ 抽拉车好的两条线，手动收褶，使其长度和袖窿的长度相等，将褶子调整均匀，如图 10-42 所示。

图 10-42

⑦ 对内层袖子除抽褶边之外的其余三边进行三折边收缝份，如图 10-43 所示。

图 10-43

⑧ 在准备收褶的一边用缝纫机的最大针距车两条线，准备进行手动收褶，如图 10-44 所示。

图 10-44

⑨ 手动收褶，使其长度和袖窿的长度相等，将褶子调整均匀，如图 10-45 所示。

图 10-45

⑩ 准备好衣前片（上）和衣后片（上），同时准备好相应的里布，如图 10-46 所示。

图 10-46

⑪ 缝合好衣前片（上）和衣后片（上），里布和面布都用同样的方法做好，如图 10-47 所示。

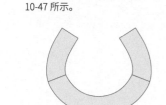

图 10-47

⑫ 对袖窿部分进行包边处理，把衣前、后片（上）夹在衣上片相应的位置并缝合，如图 10-48 所示。

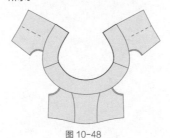

图 10-48

小贴士　如果衣前、后片（下）也做双层带里布，则将衣前、后片（下）的面布和里布缝合后再做第 12 步。如果只做单层，则对袖窿部分进行包边处理，可以让其更美观。

⑬ 把两层袖子夹在相应的位置并缝合，如图 10-49 所示。

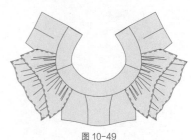

图 10-49

⑭ 正面相对，把整个衣服夹在衣上片之间，缝合领的一圈，如图 10-50 所示。

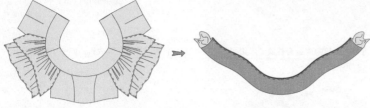

图 10-50

⑮ 缝合好后从中间把衣片翻出来，如图 10-51 所示。

图 10-51

⑯ 将裙片的侧缝位置正面相对并缝合锁边，如图 10-52 所示。

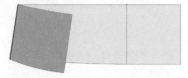

图 10-52

⑰ 裙腰处用缝纫机的最大针距车两条线，准备进行手动抽褶，如图 10-53 所示。

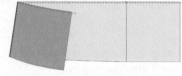

图 10-53

⑱ 抽拉刚车好的线，对裙腰手动抽褶，使其长度和上衣片腰围的长度相等，将褶子调整均匀，如图 10-54 所示。

图 10-54

⑲ 缝合上衣片和裙片，并锁边，如图 10-55 所示。

图 10-55

⑳ 下摆花边抽褶后和裙摆缝合，并锁边，如图 10-56 所示。

图 10-56

㉑ 在裙后中上部位装拉链，并缝合不需要装拉链的地方，如图 10-57 所示。

图 10-57

㉒ 做完后翻到正面，完成缝纫，如图 10-58 所示。

图 10-58

第 11 章

绿野仙踪

如图 11-1~11-4 所示，这是一款带拉链的短袖连衣裙，整体采用绿色和白色的搭配，并配上有水果印花的花边，给人一种清新的感觉。这款裙子既反映了乡村风的简单与朴实，又展现了青春、可爱感。小围裙上的小兔子图案强调了崇尚自然、休闲随性的风格特征。

图 11-1

图 11-2

图 11-3

图 11-4

11.2.1 版型数据

该款洛丽塔裙子的版型数据如表 11-1 所示。

表 11-1 版型数据

尺码	适合身高 / 胸围	服装胸围	肩宽	腰围	裙长
S	155/80cm	89cm	35cm	74cm	84cm
M	160/84cm	93cm	36cm	78cm	87cm
L	165/88cm	97cm	37cm	82cm	90cm

11.2.2 各片分解图

正面结构如图 11-5 所示。

 小贴士：前中片上的风琴褶，可以做成全部顺一个方向的，也可以做成对称的。

背面结构如图 11-6 所示。

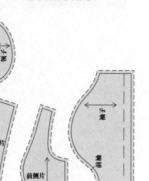
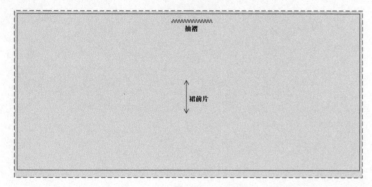

图 11-5

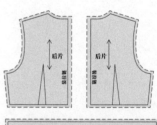
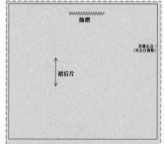
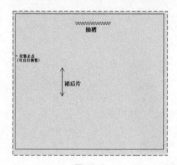

图 11-6

围裙结构如图 11-7 所示。

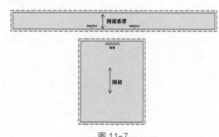

图 11-7

11.3.1　注寸法制版

注寸法直接标注了各版片的数据，如图 11-8~ 图 11-16 所示。此方法简单易掌握，适合非专业的服装爱好者和新手使用。

S= 蓝色　　M= 绿色　　L= 红色

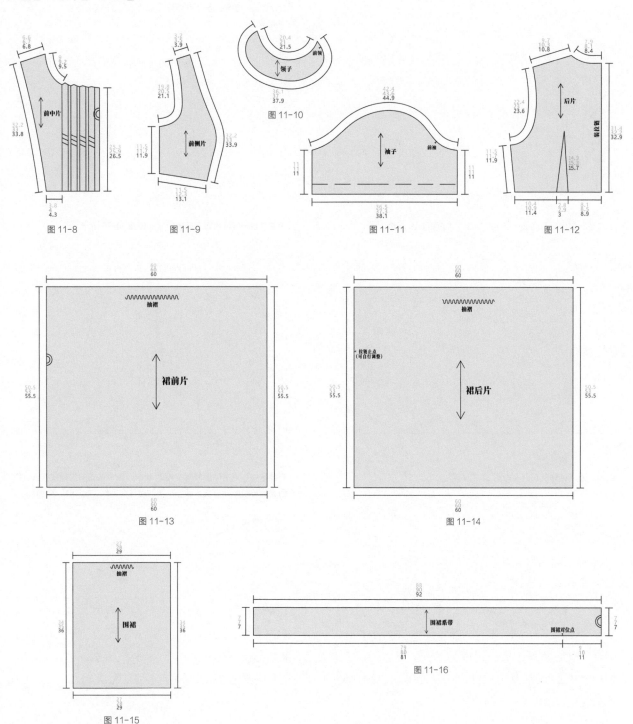

图 11-8　　　　　　　　图 11-9　　　　　　　　　　　图 11-10　　　　　　　　　图 11-11　　　　　　　　　　图 11-12

图 11-13　　　　　　　　　　　　　　　　　　　　　　图 11-14

图 11-15　　　　　　　　　　　　　　　图 11-16

11.3.2 原型法制版

原型法是在原型版的基础上进行制版，可以更加准确、科学、高效地制作出合身的版型。首先需要按照本书第 3 章介绍的方法绘制好自身尺码的原型版，制图过程中所涉及的各类名称请参考本书 2.2 节。

1. 衣片制版

① 以腰线为水平基准对齐衣原型的前后衣片，如图 11-17 所示。

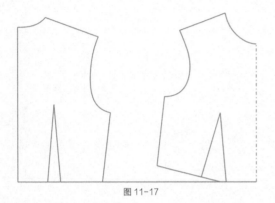

图 11-17

② 后侧颈点沿后肩线向右移动 1cm，画一条新的后领窝弧线；前侧颈点沿前肩线向左移动 1cm，前颈点沿前中心线向下移动 1cm，画一条新的前领窝弧线，如图 11-18 所示。

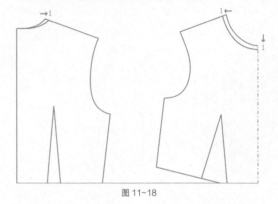

图 11-18

③ 二等分前肩线，画线连接中点与 BP，如图 11-19 所示。

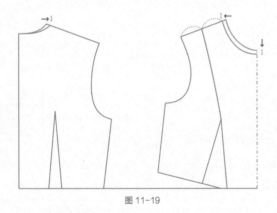

图 11-19

④ 把前腰省一半的量转到新省中去，如图 11-20 所示。

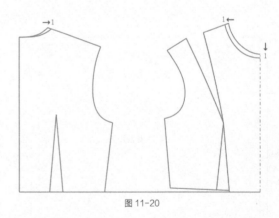

图 11-20

⑤ 修顺刚转好省的部分，如图 11-21 所示。

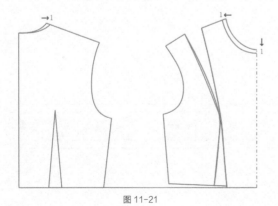

图 11-21

⑥ 前袖窿底点沿前侧缝线向下移动 1cm，画一条新的前袖窿弧线；取后肩线和前肩线等长，画一条新的后袖窿弧线，如图 11-22 所示。

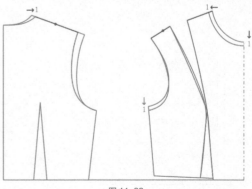

图 11-22

⑦ 在后中心线上将原后腰线水平向上移动7cm，得到新的后腰线；取等长的前侧缝线和后侧缝线，画出新的前腰线，如图11-23所示。

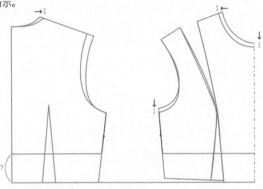

图 11-23

⑧ 完成上衣片的基本制版，如图11-24所示。

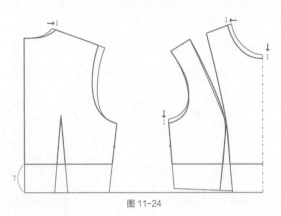

图 11-24

⑨ 取出前中片，从前中心线向左移动1.25cm画一条垂线，再以这条垂线为基准，向左画出3条分别与右线段间距0.7cm的平行线，如图11-25所示。

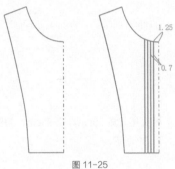

图 11-25

⑩ 把这4条线剪开，每两条线之间加入1.6cm 的褶量，如图11-26所示。

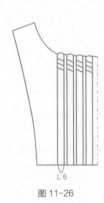

图 11-26

⑪ 完成前中片的制版，如图11-27所示。

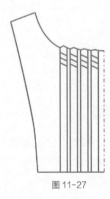

图 11-27

⑫ 取出绘制好的前中片和后片，在侧颈点处对齐，前后肩线相交1.7cm，如图11-28所示。

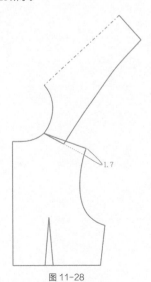

图 11-28

⑬ 后颈点向上移动0.5cm、侧颈点向内（往颈部）移动0.5cm、前颈点向下移动0.3cm，然后画一条弧线，如图11-29所示。

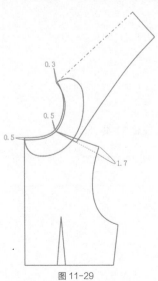

图 11-29

⑭ 完成领子的制版，如图11-30所示。

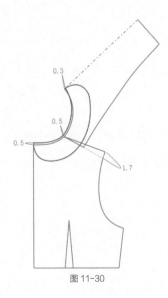

图 11-30

2. 袖片制版

① 画袖子，袖长 21cm，袖山高（AH/4-1）cm；从袖山顶点往两侧分别画线到袖肥线上，长度分别为（后 AH+0.3）cm 和前 AHcm，如图 11-31 所示。

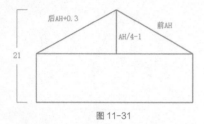

图 11-31

② 将前袖山斜线分为 4 等份；将后袖山斜线分成 3 等份，然后将第三等份再平分，如图 11-32 所示。

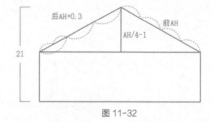

图 11-32

③ 在前袖山斜线第一等份处向右上垂直画出 1.4cm 的线段，在第三等份处向左下垂直画出 1cm 的线段；在后袖山斜线第一等份处向左上垂直画出 1.3cm 的线段，在第三等份的中点处向右下垂直画出 0.5cm 的线段，如图 11-33 所示。

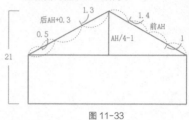

图 11-33

④ 依次连接刚画出的辅助线的端点，并画一条弧线，如图 11-34 所示。

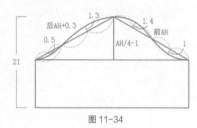

图 11-34

⑤ 在袖口线向上 2.5cm 处画水平线段，作为缝橡筋的位置，如图 11-35 所示。

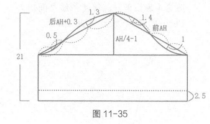

图 11-35

⑥ 完成袖片的制版，如图 11-36 所示。

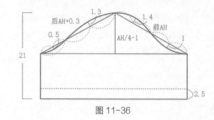

图 11-36

3. 裙片制版

① 画前裙片，裙宽 60cm，裙高 53cm（一半的量，虚线表示还有对称的另一半），如图 11-37 所示。

图 11-37

② 后裙片同前裙片一样，画出一片，一共有两片，如图 11-38 所示。

图 11-38

③ 画围裙，宽 28cm，高 35cm，如图 11-39 所示。

图 11-39

④ 画围裙系带，宽 90cm，高 7cm（一半的量），如图 11-40 所示。

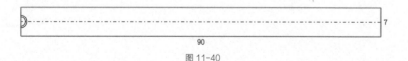

图 11-40

布料正面　　布料背面　　花边/蕾丝

① 将荷叶边下摆三折边缝合固定，如图 11-41 所示。

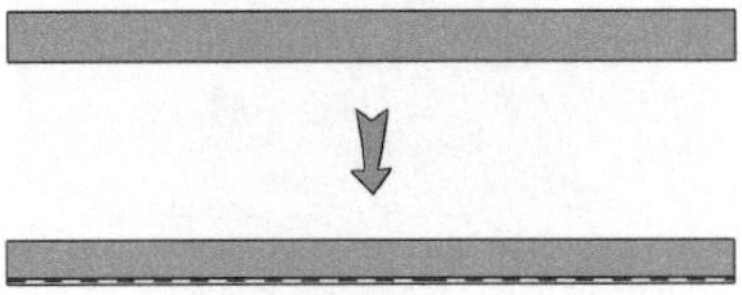

图 11-41

② 用缝纫机最大针距车两条线，准备进行手动抽褶，如图 11-42 所示。

图 11-42

③ 手动抽拉车好的线，使荷叶边抽褶到合适的长度，将褶子调整均匀，如图 11-43 所示。

图 11-43

④ 将前中片上的风琴褶按方向折叠好后缝纫固定，如图 11-44 所示。

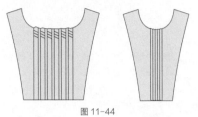

图 11-44

⑤ 抽好褶的荷叶边夹在前中片和前侧片中间。前中片和前侧片正面相对缝合在一起，然后锁边，如图 11-45 所示。

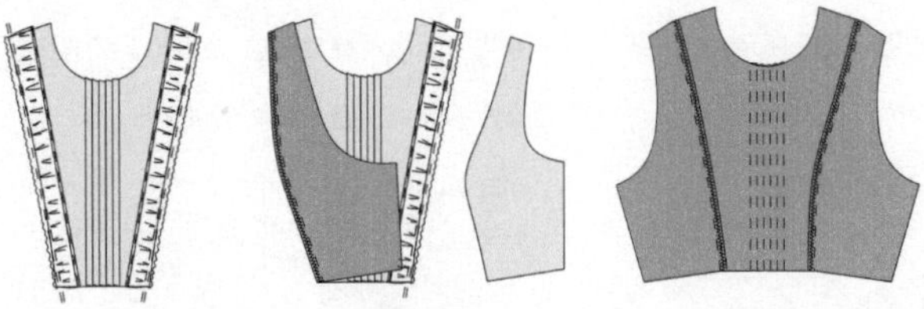

图 11-45

⑥ 将后片收省，如图 11-46 所示。

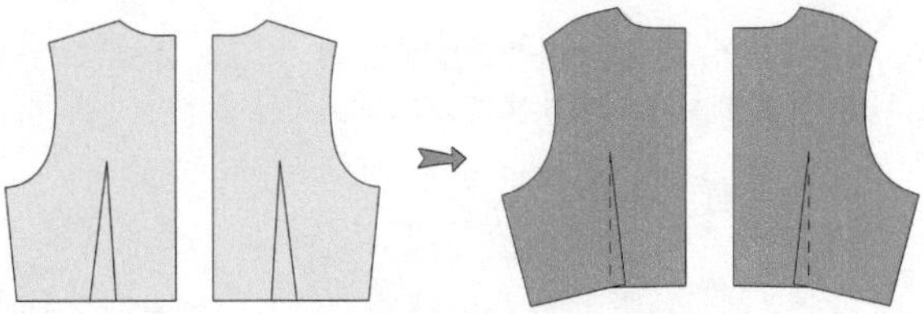

图 11-46

⑦ 将领子两层正面相对缝合，同时把抽好褶的花边夹在领子中间，车好线后翻到正面，如图 11-47 所示。

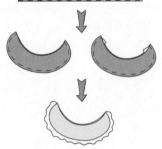

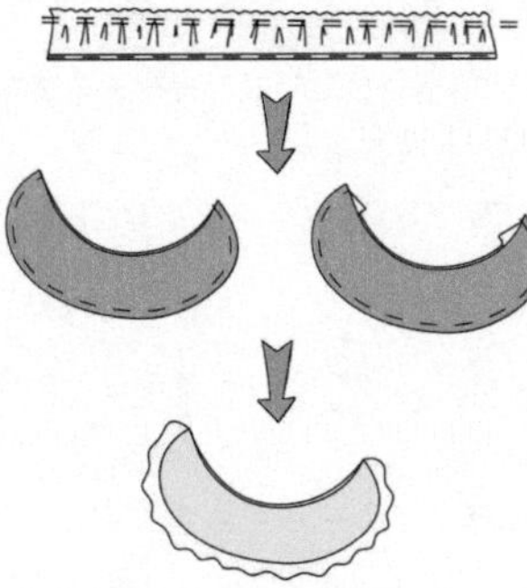

图 11-47

⑧ 缝合前、后衣片的肩缝，并把处理好的两份领子缝合到衣片上，如图 11-48 所示。

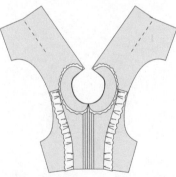

图 11-48

⑨ 把袖子缝合到袖窿上，如图 11-49 所示。

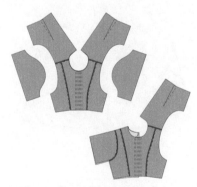

图 11-49

⑩ 将抽好褶的花边和袖口缝合，并锁边，如图 11-50 所示。

图 11-50

⑪ 缝合袖底缝和前、后衣片的侧缝，并锁边，如图 11-51 所示。

图 11-51

⑫ 袖口车橡筋，收紧袖口，如图 11-52 所示。

图 11-52

⑬ 裙前、后片在侧缝处缝合，并锁边，如图 11-53 所示。

图 11-53

⑭ 花边抽褶后和裙摆正面相对缝合，并锁边，如图 11-54 所示。

图 11-54

⑰ 将裙片和上衣片缝合，并锁边，如图 11-57 所示。

图 11-57

⑮ 在裙腰部分用缝纫机的最大针距车两条线，准备进行手动抽褶，如图 11-55 所示。

图 11-55

⑯ 抽拉刚车好的线，手动抽褶到和上衣裙腰同样长度，将褶子调整均匀，如图 11-56 所示。

图 11-56

⑱ 给领子包边，在裙后中上部位装拉链，并缝合不需要装拉链的地方，如图 11-58 所示。

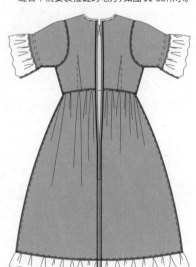

图 11-58

⑲ 缝合好后翻到正面，如图 11-59 所示。

图 11-59

⑳ 围裙正面相对缝合三边，如图 11-60 所示。

㉑ 缝好后翻到正面，如图 11-61 所示。

图 11-60　　　　图 11-61

㉒ 在上边用缝纫机的最大针距车两条线，准备进行手动抽褶，如图 11-62 所示。

㉓ 手动抽褶到合适长度，将褶子调整均匀，如图 11-63 所示。

图 11-62　　　　图 11-63

㉔ 围裙系带正面相对缝合两边，缝合好后翻到正面，如图 11-64 所示。

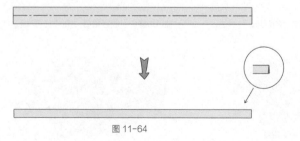

图 11-64

㉕ 把围裙夹在围裙系带里并缝合，如图 11-65 所示。

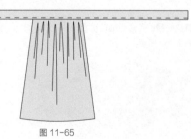

图 11-65

第 12 章

笼中旧梦

12.1 洛丽塔裙子展示

如图 12-1~12-3 所示，这是一条带橡筋的吊带连衣裙，整体采用红色和黑色，并辅以一些金色。布料上印有偏黑色哥特风的剑、玩偶等元素。这个款式也可以采用紫色、白色或淡绿色的印花布料进行搭配，会另有一番感觉。

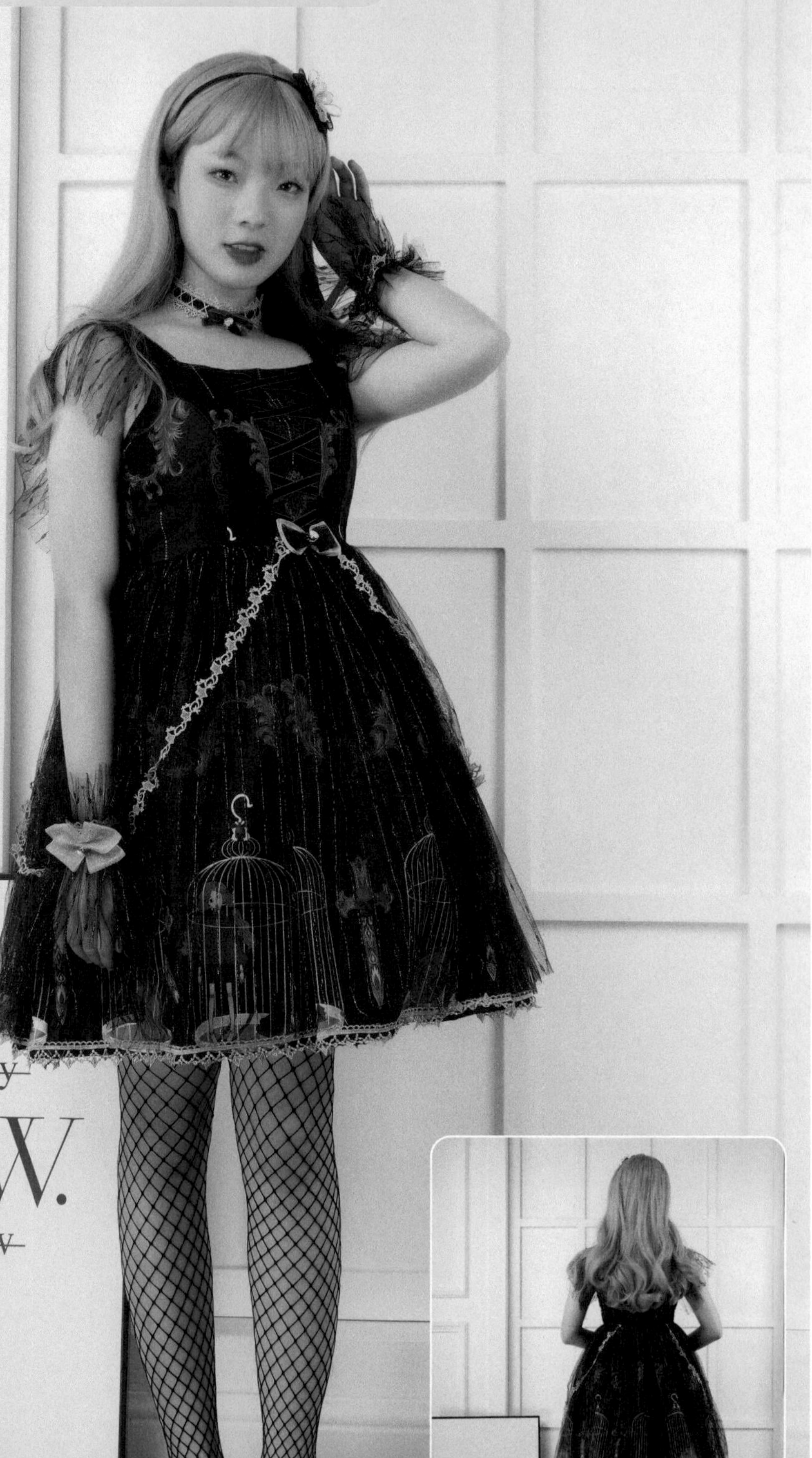

图 12-1

图 12-2

图 12-3

12.2.1 版型数据

该款洛丽塔裙子的版型数据如表 12-1 所示。

表 12-1 版型数据

尺码	适合身高 / 胸围	服装胸围	腰围	裙长
S	155/80cm	86cm	66cm	72cm
M	160/84cm	90cm	70cm	75cm
L	165/88cm	94cm	74cm	78cm

☆裙长不包括肩带长度；本款后背为全素鸡（橡筋），胸围、腰围都可大范围调节。

12.2.2 各片分解图

正面结构如图 12-4 所示。

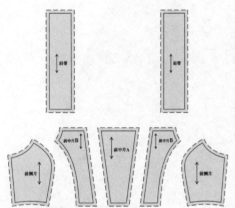

图 12-4

背面结构如图 12-5 所示。

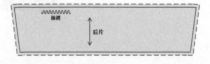

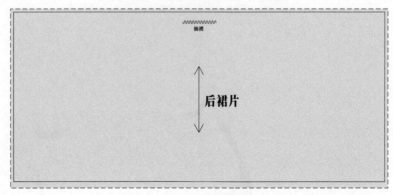

图 12-5

12.3.1 注寸法制版

注寸法直接标注了各版片的数据，如图 12-6~ 图 12-11 所示。此方法简单易掌握，适合非专业的服装爱好者和新手使用。

S= 蓝色   M= 绿色   L= 红色

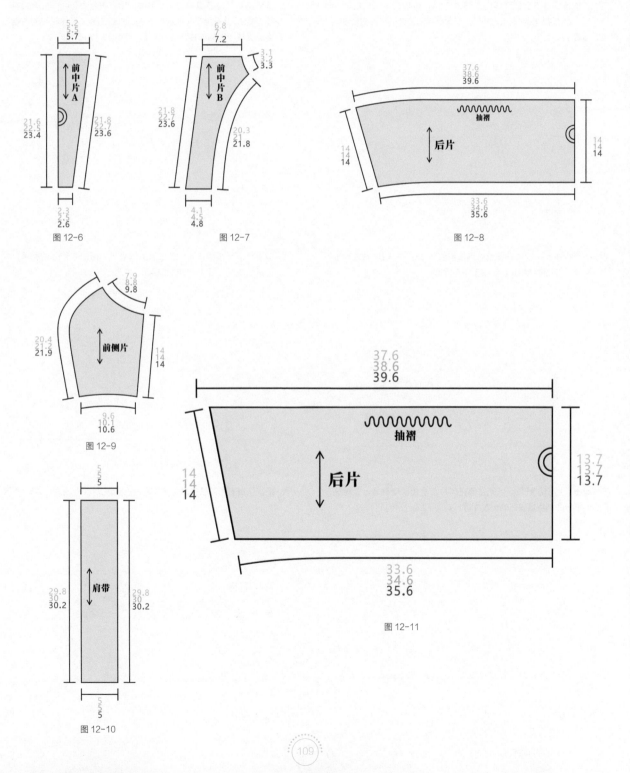

图 12-6

图 12-7

图 12-8

图 12-9

图 12-10

图 12-11

12.3.2 原型法制版

原型法是在原型版的基础上进行制版，可以更加准确、科学、高效地制作出合身的版型。首先需要按照本书第 3 章介绍的方法绘制好自身尺码的原型版，制图过程中所涉及的各类名称请参考本书 2.2 节。

1. 衣片制版

① 后袖窿底点沿后侧缝线向上移动 1cm；前袖窿底点向右移动 1.5cm，向上移动 1cm，并过此点画出与前侧缝线平行的线段，如图 12-12 所示。

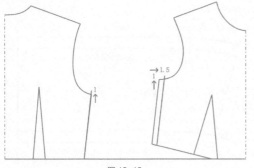

图 12-12

② 从新的后袖窿底点向左画水平线，相交于后中心线；从前颈点往下 6cm 处开始往左画水平线，取长 12.5cm，从水平线的左端点画弧线与新的前袖窿底点连接，如图 12-13 所示。

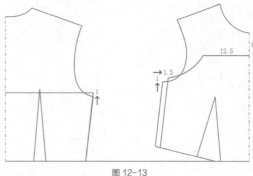

图 12-13

③ 在前腰线上取 3cm 的省量，连接该点与 BP，并从 BP 往左画水平线与前侧缝线相交，如图 12-14 所示。

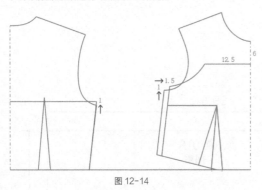

图 12-14

④ 前腰线取腰围除以 4，加上 3cm 的省量，再加 0.5cm 的松量，并将其左端点与第 3 步的交点相连，如图 12-15 所示。

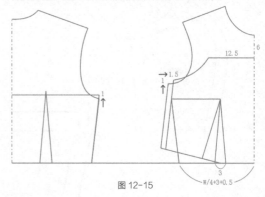

图 12-15

⑤ 量出前后侧缝线差，以此差值在前片上画出前侧缝省，此时橘线部分的前后侧缝线的长度相等，如图 12-16 所示。

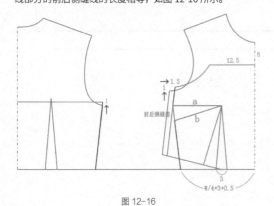

图 12-16

⑥ 把前侧缝省和前腰省的省尖位置向左移动 1.5cm，如图 12-17 所示。

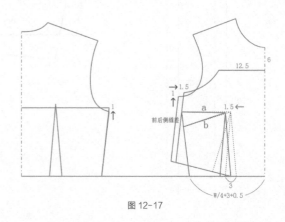

图 12-17

⑦ 画出新的袖窿省的位置，如图 12-18 所示。

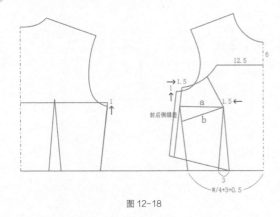

图 12-18

⑧ 合并 a 线和 b 线，把侧缝省转到袖窿省，如图 12-19 所示。

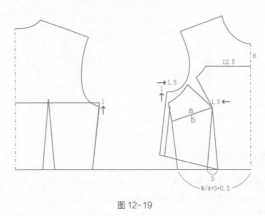

图 12-19

⑨ 画一条前侧缝线和转省后破缝处的弧线，如图 12-20 所示。

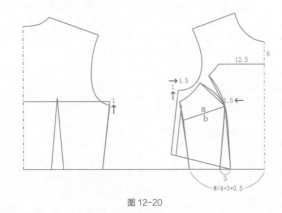

图 12-20

⑩ 前腰线向上平移 5cm，取与前侧缝线等长的后侧缝线，画出新的后腰线，如图 12-21 所示。

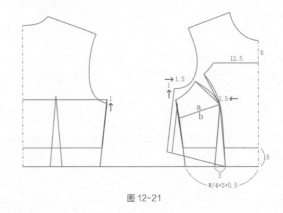

图 12-21

⑪ 后片向左延长 1/2 的量用于收橡筋；新的前颈点向左移动 5.5cm，新腰线的右端点向左移动 2.5cm，连接两点，画出分割线，如图 12-22 所示。

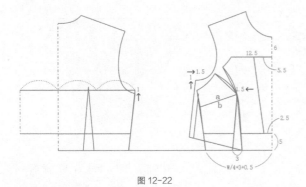

图 12-22

⑫ 完成衣片的基础制版，如图 12-23 所示。

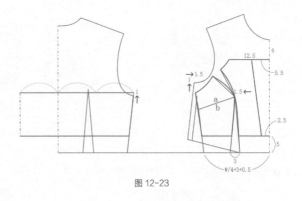

图 12-23

2. 肩带制版

① 从后肩线 1/2 处到后片的 1/2 处的长度为后肩带的长度；从前肩线 1/2 处到前中片左顶点向右 1.25cm 处的长度为前肩带的长度，如图 12-24 所示。

② 画长为前肩带与后肩带的长度之和的水平线，肩带宽为 5cm（需要对折，实际宽为 2.5cm），如图 12-25 所示。

③ 画花边，其长度为前肩带加后肩带的长度，宽为 13cm，在此基础上，延长 1/2 的量作为收褶的量，如图 12-26 所示。

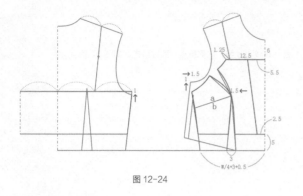

图 12-24

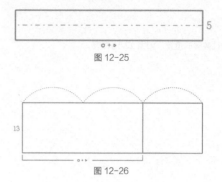

图 12-25

图 12-26

3. 袖片制版

① 画裙片（前后裙片一样），宽 60cm，高 53cm（一半的量，虚线表示还有对称的另一半），如图 12-27 所示。

② 画罩裙（也可不做罩裙，自选），宽 70cm，高 40cm，如图 12-28 所示。

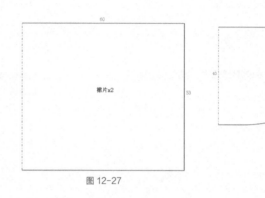

图 12-27

图 12-28

12.4 缝纫过程与方法

布料正面　　　布料背面　　　花边/蕾丝

① 把织带缝在前中片 A（面布）上进行装饰，如图 12-29 所示。

② 缝合前中片 A 和前中片 B，如图 12-30 所示。

图 12-29

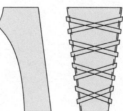

图 12-30

③ 缝合前中片和前侧片，并以同样的方法缝合里布，如图 12-31 所示。

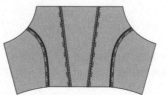

图 12-31

④ 将肩带正面相对对折缝合，缝好后翻到正面，并压线，如图 12-32 所示。

图 12-32

⑤ 将里布和面布正面相对，肩带夹在里布和面布中间，缝合上边，如图 12-33 所示。

图 12-33

⑥ 将后片里布和面布正面相对缝合，只缝合上边，如图 12-34 所示。

图 12-34

⑦ 将后片翻到正面后车 5 条线，形成 3 个通道用来穿橡筋，如图 12-35 所示。

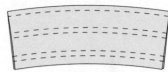

图 12-35

⑧ 将橡筋穿到通道中，调整到合适的长度，并固定住两边，完成素鸡的制作，如图 12-36 所示。

图 12-36

⑨ 将制作好的素鸡夹在前片的面布和里布之间，缝好后翻到正面，完成上衣片的制作，如图 12-37 所示。

 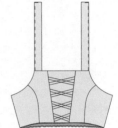

图 12-37

⑩ 在前裙片裙腰一边用缝纫机的最大针距车两条线，准备进行手动抽褶，如图 12-38 所示。

图 12-38

⑪ 抽拉车好的线，手动抽褶使裙腰和前片衣片等长，将褶子调整均匀，然后以同样的方法做好后裙片，抽褶后和后衣片等长，如图 12-39 所示。

图 12-39

⑫ 缝合前后裙片，并锁边，如图 12-40 所示。

图 12-40

⑬ 缝合裙片和上衣片，并锁边，如图 12-41 所示。

图 12-41

⑭ 三折边收裙摆，如图 12-42 所示。

图 12-42

⑮ 在网纱一边用缝纫机的最大针距车两条线，准备进行手动抽褶，如图 12-43 所示。

⑯ 抽拉车好的两条线，手动抽褶到和肩带等长，将褶子调整均匀，如图 12-44 所示。

图 12-43

图 12-44

17 把抽褶好的网纱压缝在肩带上，如图 12-45 所示。　　18 做好后的正面和背面，如图 12-46 所示。

图 12-45

 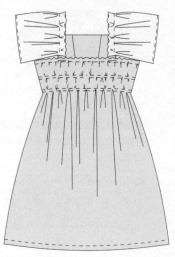

图 12-46

小贴士　肩带与后片可以采用纽扣来连接，也可以以合适的长度直接缝合到后片上。使用纽扣时，可在后片的素鸡内侧钉纽扣，在肩带上钉扣眼，这样可以将扣子藏在内侧，从而不破坏表面的美观。

第 13 章

巧克力派对

13.1 洛丽塔裙子展示

如图 13-1~13-3 所示，这是一条带拉链的长袖连衣裙，整体采用的是巧克力色和棕色的配色。印花也是巧克力主题，裙摆上还有红色的蝴蝶结印花，增强了甜美感。领子和袖口部分采用的是黑白撞色的搭配，使整条裙子看起来简约又不失层次感，还尽显青春、可爱。总体印花为竖纹，更显身材修长。选择一些合适的帽子进行搭配，会显得穿衣人更加可爱。

图 13-1

图 13-2

图 13-3

13.2.1 版型数据

该款洛丽塔裙子的版型数据如表 13-1 所示。

表 13-1 版型数据

尺码	适合身高 / 胸围	服装胸围	肩宽	腰围	裙长
S	155/80cm	90cm	36cm	74cm	81cm
M	160/84cm	94cm	37cm	78cm	84cm
L	165/88cm	98cm	38cm	82cm	87cm

13.2.2 各片分解图

正面结构如图 13-4 所示。

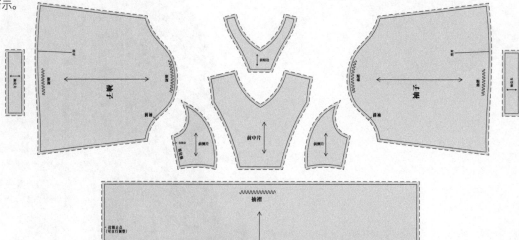

图 13-4

背面结构如图 13-5 所示。

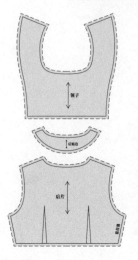

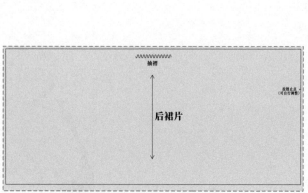

图 13-5

13.3　版型制图

13.3.1　注寸法制版

注寸法直接标注了各版片的数据，如图 13-6～图 13-14 所示。此方法简单易掌握，适合非专业的服装爱好者和新手使用。

S= 蓝色　　M= 绿色　　L= 红色

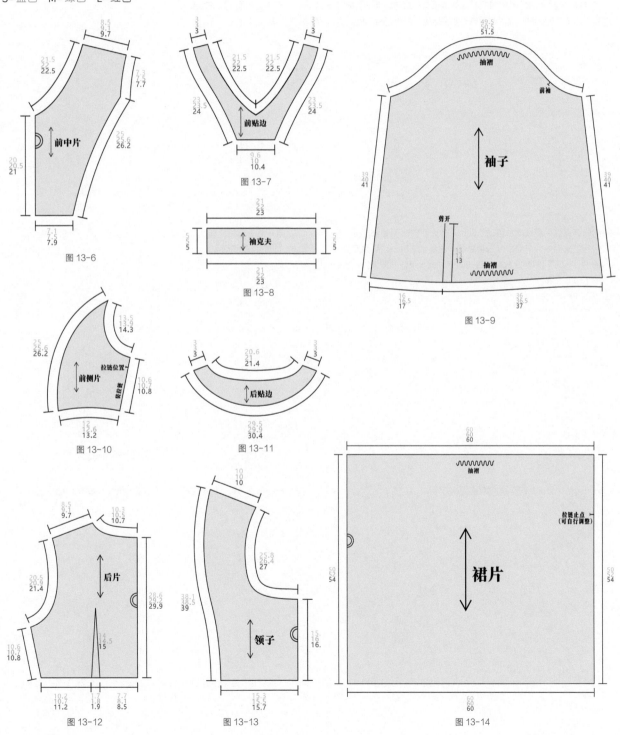

图 13-6

图 13-7

图 13-8

图 13-9

图 13-10

图 13-11

图 13-12

图 13-13

图 13-14

13.3.2 原型法制版

原型法是在原型版的基础上进行制版，可以更加准确、科学、高效地制作出更合身的版型。首先需要按照本书第 3 章介绍的方法绘制好自身尺码的原型版，制图过程中所涉及的各类名称请参考本书 2.2 节。

1. 衣片制版

① 拿出有后肩省的衣原型，以前、后腰线为水平基准对齐；从后肩省的省尖向右画水平线，与后袖窿弧线相交；从前肩点沿前袖窿弧线向下 7.5cm 处取点，与前腰省省尖连接，如图 13-15 所示。

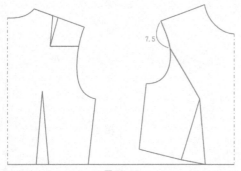

图 13-15

② 把后肩省的一半转到后袖窿省中，把前腰省的一半转到前袖窿省中，如图 13-16 所示。

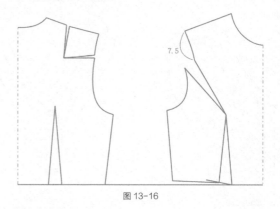

图 13-16

③ 后侧颈点沿后肩线向右移动 2.5cm，作为新的后侧颈点，画一条后领窝弧线；前侧颈点沿前肩线向左移动 2.5cm，前颈点沿前中心线向下移动 12.5cm，连接两点并画一条前领窝弧线，如图 13-17 所示。

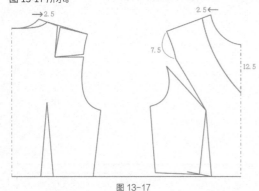

图 13-17

④ 重新画一条后肩线，取后肩线与前肩线等长，画一条后袖窿弧线，如图 13-18 所示。

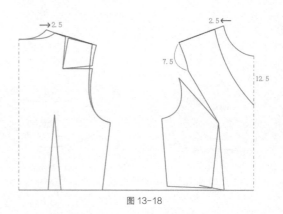

图 13-18

⑤ 画一条前片破缝处的弧线，如图 13-19 所示。

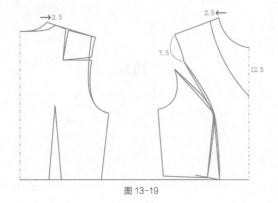

图 13-19

⑥ 取与后侧缝等长的前侧缝，水平画出前腰线，如图 13-20 所示。

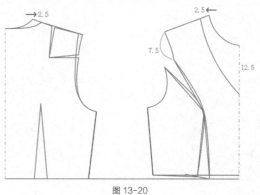

图 13-20

⑦ 完成衣片的基础制版，如
图 13-21 所示。

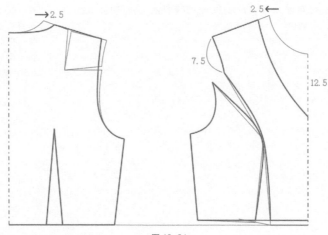

图 13-21

2. 领片制版

① 从后颈点沿后中心线向下 4cm 处取点，后侧颈点沿肩线向
右 3cm 处取点，连接两点并画一条弧线作为后贴边。从前
颈点沿前中心线向下 4cm 处取点，再从此点向左画 5cm
的线段，从前侧颈点沿肩线向左 3cm 处取点，连接以上各
点并画一条弧线作为前贴边，如图 13-22 所示。

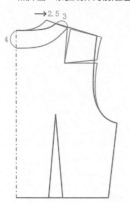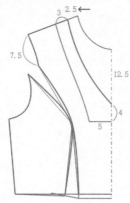

图 13-22

② 前后片肩线交错 1.5cm，如图
13-23 所示。

图 13-23

③ 后颈点向上移动 0.5cm，侧颈
点向里（颈内侧）移动 0.5cm，
画出新的领线，如图 13-24 所示。

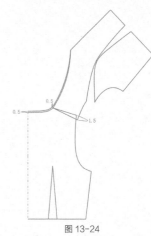

图 13-24

④ 从前中心线以向内 37°角画出线段，
长度为 10cm，如图 13-25 所示。

⑤ 从后颈点沿后中心线向下 16cm 处
取点，再往右画 15.5cm 的线段取
点，与上一步在前中片上取的点
连接，画一条前领到后领的弧线，
如图 13-26 所示。

⑥ 完成领片的制版，如图 13-27 所示。

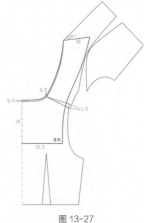

图 13-25   图 13-26   图 13-27

3. 袖片制版

① 画袖子，袖长 52cm，袖山高为（AH/4+1）cm，从袖山顶点往两侧分别画线到袖肥线上，长度分别为（后 AH+0.5）和前 AHcm 长，如图 13-28 所示。

② 将前袖山斜线分为四等份；将后袖山斜线分为三等份，然后把第三等份平分，如图 13-29 所示。

③ 在前袖山斜线的第一等份处向右上垂直画出 1.8cm 的线段，在第三等份处向左下垂直画出 1cm 的线段；在后袖山斜线的第一等份处向左上垂直画出 1.7cm 的线段，在第三等份的中点向右下垂直画出 0.5cm 的线段，如图 13-30 所示。

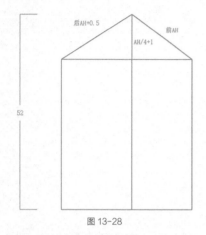

图 13-28

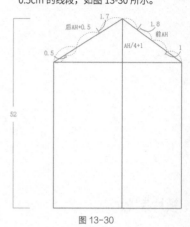

图 13-29

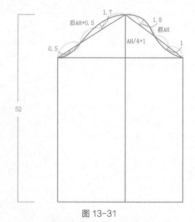

图 13-30

④ 依次连接第 3 步中画好的辅助线的端点，画一条弧线，如图 13-31 所示。

⑤ 将袖口线两端分别向外延长 4cm，并画直线将延长线两端与袖肥线两端连接，如图 13-32 所示。

⑥ 把新的袖口线四等分，从左至右在第一等份处垂直向下画出 1cm 的线段，在第三等份处垂直向上画出 0.5cm 的线段，如图 13-33 所示。

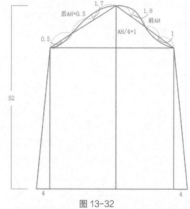

图 13-31

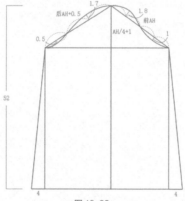

图 13-32

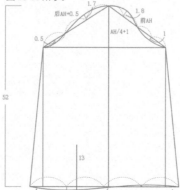

图 13-33

⑦ 连接第 6 步中画出的辅助线的端点，画一条袖口弧线，如图 13-34 所示。

⑧ 从袖中线与袖口线的交点向左 9.5cm 处垂直向上画出开衩线，长度为 13cm，如图 13-35 所示。

⑨ 完成基础袖型的制版，如图 13-36 所示。

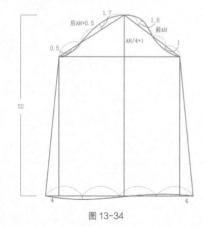

图 13-34

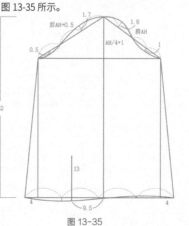

图 13-35

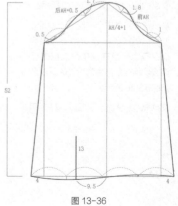

图 13-36

⑩ 取出画好的基础袖型,保留袖中线,如图 13-37 所示。

图 13-37

⑪ 从袖中线处破开,加入 8cm 的抽褶量,如图 13-38 所示。

图 13-38

⑫ 从袖山顶点垂直向上画出 3.5cm 的线段,如图 13-39 所示。

图 13-39

⑬ 画一条新的袖山弧线和袖口弧线,如图 13-40 所示。

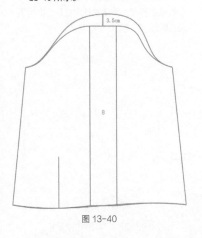

图 13-40

⑭ 完成袖片的制版,如图 13-41 所示。

图 13-41

⑮ 画袖克夫,宽 22cm,高 5cm,如图 13-42 所示。

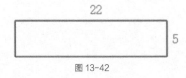

图 13-42

4. 裙片制版

画裙片,宽为 60cm,高为 52cm(一共前后两个裙片,这是一片的一半的量,虚线表示还有对称的另一半),如图 13-43 所示。

图 13-43

13.4 缝纫过程与方法

① 将前中片和前侧片缝合并锁边,如图 13-44 所示。

图 13-44

② 将后片收省,如图 13-45 所示。

图 13-45

③ 将前片和后片在肩部缝合并锁边,如图 13-46 所示。

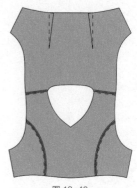

图 13-46

④ 将袖口开衩处剪开,用包边条包边,如图 13-47 所示。

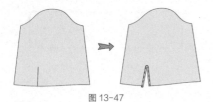

图 13-47

⑤ 在袖山处用缝纫机的最大针距车两条线,准备进行手动抽褶,如图 13-48 所示。

图 13-48

⑥ 给袖山抽褶,褶的位置在袖山顶部,抽褶后的长度和衣片袖窿的长度相等,将褶子调整均匀,如图 13-49 所示。

图 13-49

⑦ 把袖子和衣片在袖窿缝合并锁边,如图 13-50 所示。

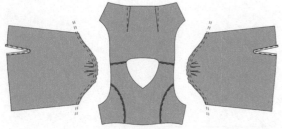

图 13-50

⑧ 袖片缝合上后,沿肩线对折,如图 13-51 所示。

图 13-51

⑨ 在裙片上边用缝纫机的最大针距车两条线,准备进行手动抽褶,如图 13-52 所示。

图 13-52

⑩ 抽拉车好的两条线,使抽褶后的长度和上衣腰围的长度相等,将褶子调整均匀,如图 13-53 所示,用同样的方法做好后裙片。

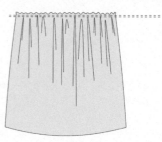

图 13-53

⑪ 将前、后裙片分别和前、后衣片在腰部缝合并锁边，如图 13-54 所示。

图 13-54

⑫ 缝合前、后衣片的侧缝和袖底缝并锁边；在准备装拉链的一侧，先锁边，再缝合不需要装拉链的地方，如图 13-55 所示。

图 13-55

⑬ 在侧边装拉链，如图 13-56 所示。

图 13-56

⑭ 将裙摆三折边收边，如图 13-57 所示。

图 13-57

⑮ 将前、后贴边正面相对缝合，缝好后将缝份分开倒（目的是减少厚度）；将外圈缝份内折压线固定或直接锁边，如图 13-58 所示。

图 13-58

⑯ 将领片正面相对，缝合除领一圈的其他边，缝好后翻到正面（如果领片布料厚度不够，可烫衬加厚），如图 13-59 所示。

图 13-59

⑰ 将领子放在对应位置缝线固定，如图 13-60 所示。

⑱ 将贴边和衣片正面相对，沿衣领缝一圈，如图 13-61 所示。

⑲ 缝好以后，把贴边翻进去，在肩缝的地方可用手把贴边和肩缝的缝份固定在一起，如图 13-62 所示。

图 13-60

图 13-61

图 13-62

⑳ 在袖口用缝纫机的最大针距车两条线，准备进行手动抽褶，如图 13-63 所示。

图 13-63

㉑ 手动抽褶到长度和袖克夫的长度相等，将褶子调整均匀，如图 13-64 所示。

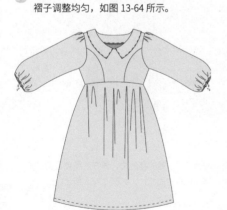

图 13-64

㉒ 准备好袖克夫，正面相对缝合并留出长的一边不缝，如图 13-65 所示。

图 13-65

㉓ 袖克夫夹着袖子缝合，至此，完成了整件裙子的缝制，如图 13-66 所示。

图 13-66

第 14 章

花 之 韵

14.1 洛丽塔裙子展示

如图 14-1~14-4 所示，这是一条两件套
的洛丽塔裙子，里面是一条立领的多
层裙，外面是一条花瓣形的裙子，二
者可以配套穿，也可以分开穿。搭配
的时候，里面的裙子最好选择纯色的，
以衬托外面裙子的花瓣形印花。单独
做里面的裙子的时候，可以选择一些
漂亮的印花布料。

图 14-1

图 14-2

图 14-3

图 14-4

14.2.1 版型数据

该款裙子的立领内搭 op 尺码如表 14-1 所示。

表 14-1 内搭裙长版型数据

尺码	适合身高 / 胸围	服装胸围	腰围	肩宽	领围	裙长
S	155/80cm	88m	76cm	34.5cm	40.5cm	83.5cm
M	160/84cm	92m	80cm	36cm	41.5cm	86cm
L	165/88cm	96m	84cm	37.5cm	42.5cm	88.5cm

该款裙子的花瓣形外搭 jsk 尺码如表 14-2 所示。

表 14-2 外搭裙长版型数据

尺码	适合身高 / 胸围	服装胸围	腰围	裙长
S	155/80cm	88.5cm	76.5cm	70.5cm
M	160/84cm	92.5cm	80.5cm	72cm
L	165/88cm	96.5cm	84.5cm	73.5cm

14.2.2 各片分解图

立领内搭 op 正面结构如图 14-5 所示。

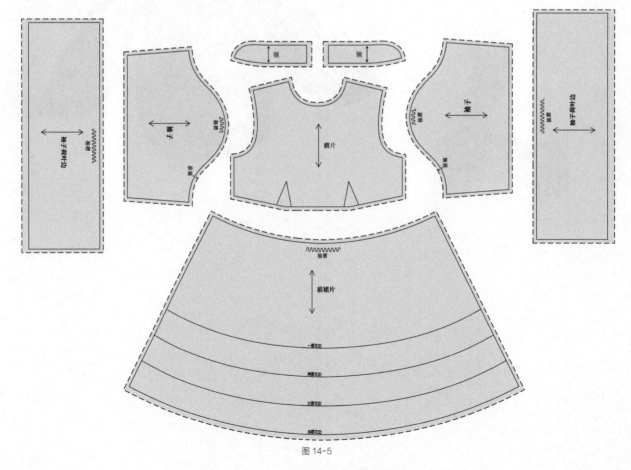

图 14-5

立领内搭 op 背面结构如图 14-6 所示。

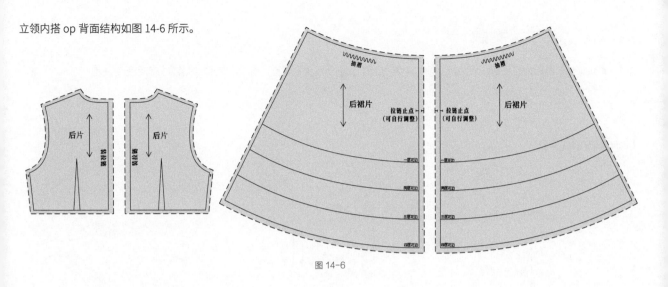

图 14-6

花瓣形外搭 jsk 正面结构如图 14-7 所示。

花瓣形外搭 jsk 背面结构如图 14-8 所示。

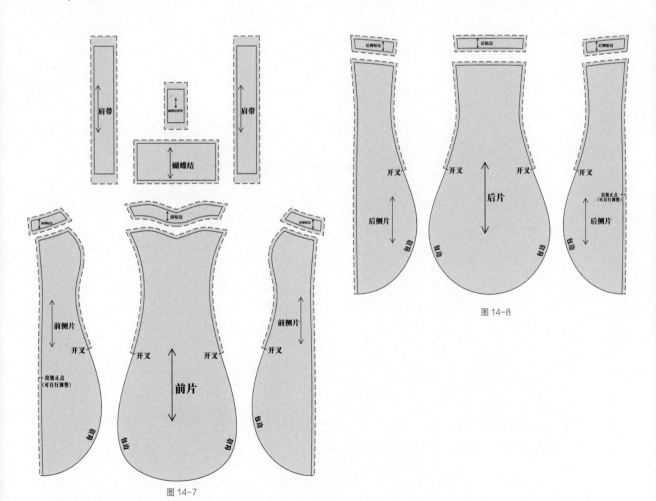

图 14-7

图 14-8

14.3.1 注寸法制版

注寸法直接标注了各版片的数据，如图 14-9~ 图 14-26 所示。此方法简单易掌握，适合非专业的服装爱好者和新手使用。

S= 蓝色　M= 绿色　L= 红色

1. 立领内搭 op

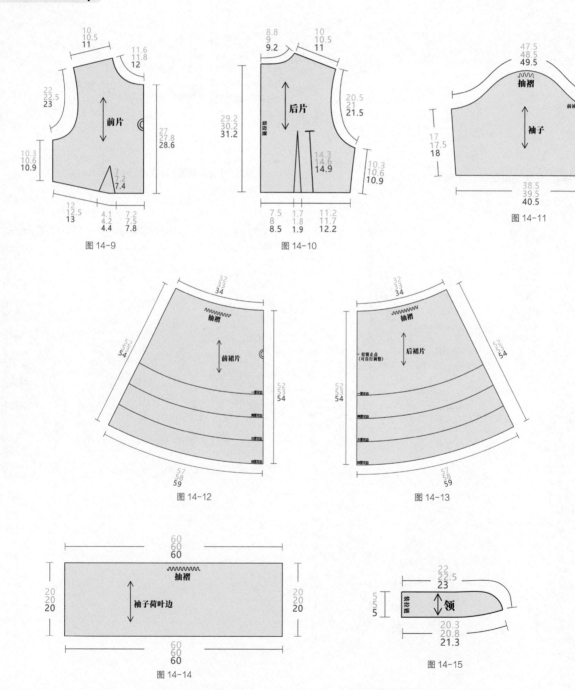

图 14-9

图 14-10

图 14-11

图 14-12

图 14-13

图 14-14

图 14-15

2. 花瓣形外搭 jsk

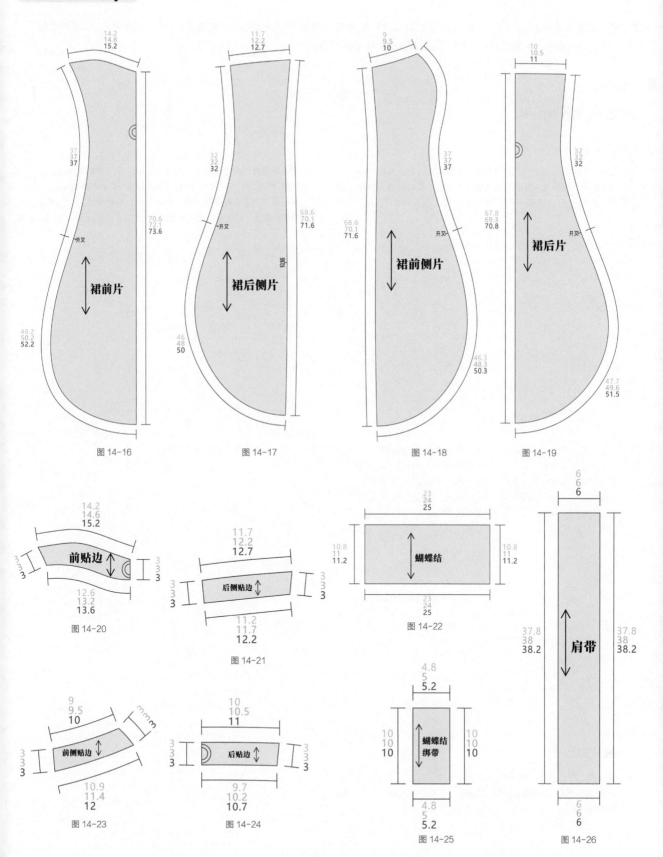

14.2
14.6
15.2

11.7
12.2
12.7

9
9.5
10

10
10.5
11

37
37
37

32
32
32

37
37
37

32
32
32

70.6
72.1
73.6

开叉

68.6
70.1
71.6

开叉

裙前片

裙后侧片

68.6
70.1
71.6

开叉

67.8
69.3
70.8

开叉

裙前侧片

裙后片

48.2
50.2
52.2

46
48
50

46.3
48.3
50.3

47.7
49.6
51.5

图 14-16

图 14-17

图 14-18

图 14-19

14.2
14.6
15.2

3
3
3

3
3
3

前贴边

12.6
13.2
13.6

图 14-20

11.7
12.2
12.7

3
3
3

后侧贴边

3
3
3

11.2
11.7
12.2

图 14-21

23
24
25

10.8
11
11.2

蝴蝶结

10.8
11
11.2

23
24
25

图 14-22

6
6
6

37.8
38
38.2

肩带

37.8
38
38.2

6
6
6

图 14-26

9
9.5
10

3
3
3

前侧贴边

3
3
3

10.9
11.4
12

图 14-23

10
10.5
11

3
3
3

后贴边

3
3
3

9.7
10.2
10.7

图 14-24

4.8
5
5.2

10
10
10

蝴蝶结绑带

10
10
10

4.8
5
5.2

图 14-25

14.3.2　原型法制版

原型法是在原型版的基础上进行制版，可以更加准确、科学、高效地制作出合身的版型。首先需要按照本书第 3 章介绍的方法绘制好自身尺码的原型版；制图过程中所涉及的各类名称请参考本书 2.2 节。

1. 立领内搭 op

◆ 衣片制版 ◆

① 后颈点沿后中心线向下移动 0.5cm，后侧颈点沿后肩线向右移动 0.5cm，然后画一条新的后领窝弧线；前侧颈点沿前肩线向左移动 0.5cm，然后画一条新的前领窝弧线，如图 14-27 所示。

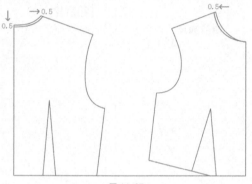

图 14-27

② 前袖窿底点沿前袖窿弧线向右移动 1cm，向下移动 1.5cm，前肩点沿前肩线往右移 0.5cm，连接两点并画一条新的前袖窿弧线；后袖窿底点沿后袖窿弧线向左移动 1cm，在后肩线上取与前肩线等长的量，并画一条后袖窿弧线，如图 14-28 所示。

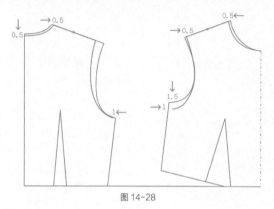

图 14-28

③ 前腰线整体平行向上移动 6cm，画出新的前腰线，新的省尖位置定在原省尖向下 3cm 处；从新的前袖窿底点垂直向下画出直线与新的前腰线相交，以此线段作为新的前侧缝线；过新的后袖窿底点画线与原后侧缝线平行，在此线上取和前侧缝等长的量，作为新的后侧缝线，然后水平画出新的后腰线，并画出后省，如图 14-29 所示。

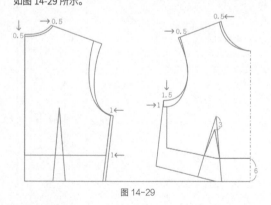

图 14-29

④ 完成上衣的制版，如图 14-30 所示。

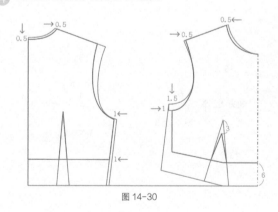

图 14-30

◆ 袖片制版 ◆

① 画袖子，长 28.5cm，袖山高 AH/4cm，从袖山顶点往两侧分别画线到袖肥线上，长度分别为（后 AH+0.3）和前 AHcm，如图 14-31 所示。

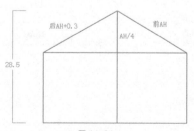

图 14-31

② 将前袖山斜线分为四等份，第一等份处向右上垂直画出 1.5cm 的线段，第三等份处向左下垂直画出 1cm 的线段；将后袖山斜线分为三等份，在第一等份处向左上垂直画出 1.5cm 的线段，将第三等份再平均分成两份，在中点向右下垂直画出 0.5cm 的线段，如图 14-32 所示。

③ 依次连接第 2 步画出的辅助线的端点，画一条弧线，如图 14-33 所示。

④ 袖口两侧都向内收 1.5cm，并分别和袖肥线两端连接，如图 14-34 所示。

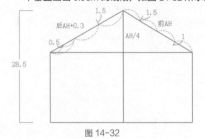
图 14-32

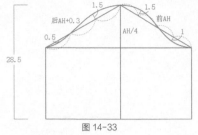
图 14-33

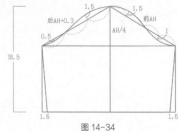
图 14-34

⑤ 完成基础袖型的制版，如图 14-35 所示。

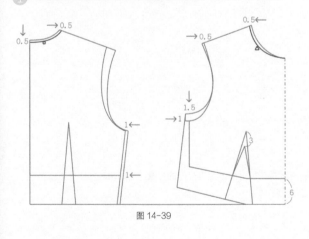
图 14-35

⑥ 将基础袖型从袖中线破开，加入 5cm 的量，如图 14-36 所示。

⑦ 完成袖片的制版，如图 14-37 所示。

⑧ 画出袖子荷叶边，宽 60cm，高 20cm，如图 14-38 所示。

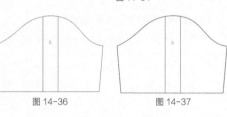
图 14-36   图 14-37

图 14-38

◆→ 领片制版 ◆→

① 分别量出前领窝弧线和后领窝弧线的长度，如图 14-39 所示。

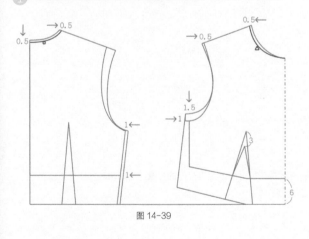
图 14-39

② 将前后领窝弧线的长度相加，作为领子的长度，领高为 5cm，如图 14-40 所示。

图 14-40

③ 将领长三等分，如图 14-41 所示。

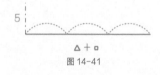
图 14-41

④ 在前领处垂直向上画出 1.5cm 的线段，如图 14-42 所示。

图 14-42

⑤ 将第 4 步画出的线段上端点与从右向左第一等份处的点相连接，如图 14-43 所示。

图 14-43

⑥ 在左侧领高处画出垂线，与在前领处第 5 步画出的直线画出的垂线相交，如图 14-44 所示。

图 14-44

⑦ 画一条领子的弧线，如图 14-45 所示。

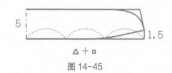
图 14-45

⑧ 完成领子的制版，如图 14-46 所示。

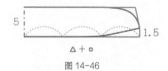
图 14-46

1 准备好裙原型版，如图 14-47 所示。

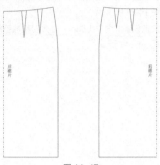

图 14-47

2 从裙原型的省尖处垂直向下画线段，如图 14-48 所示。

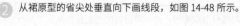

图 14-48

3 把腰省的量转到裙摆上，如图 14-49 所示。

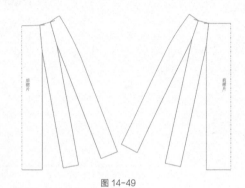

图 14-49

4 画一条裙摆和裙腰的弧线，如图 14-50 所示。

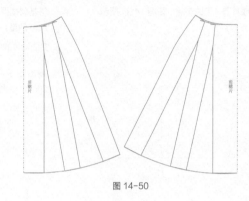

图 14-50

5 完成裙片基础型的制版，
如图 14-51 所示。

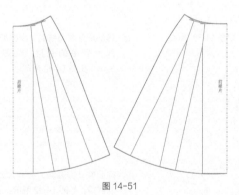

图 14-51

6 在基础裙型中加入量，裙腰处加入 15cm，裙摆处加入 20cm，
如图 14-52 所示。

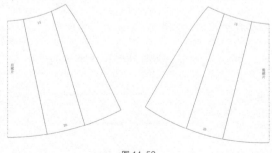

图 14-52

7 按照喜好在裙片上画出花边的位置，完成裙片的制版，如图
14-53 所示。

图 14-53

2. 花瓣形外搭 jsk

▸ 裙片制版 ◂

① 后袖窿底点沿后袖窿弧线向左移动 1.5cm，向上移动 1.5cm，过此点画与后侧缝线平行的线；前袖窿底点沿前袖窿弧线向右移动 1.5cm，向上移动 1.5cm，过此点画与前侧缝线平行的线，如图 14-54 所示。

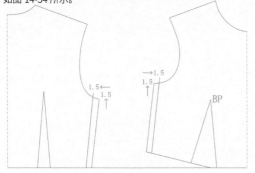

图 14-54

② 在后腰线左端点向上 17.5cm 处取点，与新的后袖窿底点连接并画一条弧线；从前颈点向下 5cm 处取点，过此点画水平线作为参考线，再向下 2.3cm 处取点，作为新的前颈点。从刚画的参考线与前袖窿弧线相交的点往右 3cm，再向下 0.5cm 处取点，从此点画弧线△与新的前颈点连接，并画一条新的前袖窿弧线□，如图 14-55 所示。

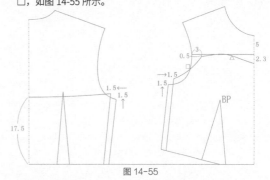

图 14-55

③ 在后片上暂时以原后腰省为省的位置；在前片上画出新前腰省的省线〇，前腰省宽定为 3cm，如图 14-56 所示。

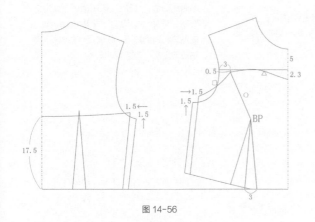

图 14-56

④ 暂时定后侧缝线为☆，前腰线长度为腰围除以 4，加上 3cm 的腰省量，再加 0.5cm 的松量；从前袖窿底点沿前侧缝线往下 5.5cm 处取点，从此点画线连接到 BP 点形成◇1 线，并从此点画线连接到前腰线的左端点上；计算出前侧缝线和后侧缝线的差值，并以此差值在前侧缝线上画出侧缝省（即此时☆ = ☆1+ ☆2），连接 BP 点和☆2 线的上端点形成◇2 线，如图 14-57 所示。

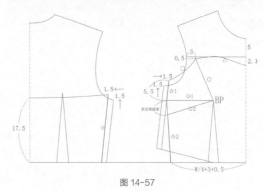

图 14-57

⑤ 在前片上合并侧缝省（◇1 和◇2 线合在一起），把侧缝省转到〇线上，如图 14-58 所示。

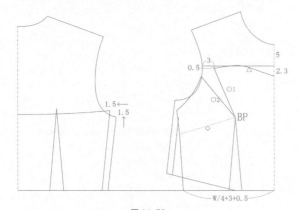

图 14-58

⑥ 后腰省整体向右移动 1cm，前腰省整体向左移动 2.2cm，如图 14-59 所示。

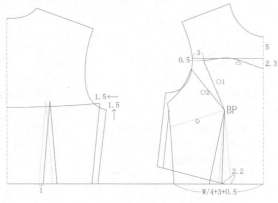

图 14-59

⑦ 将腰线往下移 50cm 作为裙摆线，原腰线再整体往上移 6cm 作为新的腰线，如图 14-60 所示。

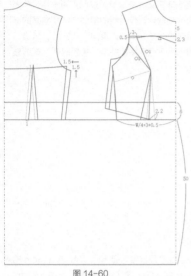

图 14-60

⑧ 从新腰线与侧缝线相交处垂直向下画线段，并与裙摆线相交，如图 14-61 所示。

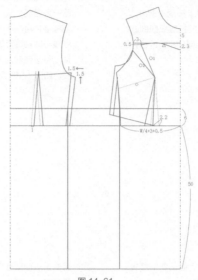

图 14-61

⑨ 在后片上沿着之前定好的新后腰省的省线画一个裙摆的花瓣形状，画出裙后片和裙后侧片；在前片上画一条破缝和新前腰省的省线，并画出花瓣形状，画出裙前片和裙前侧片，如图 14-62 所示。

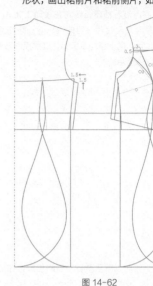

图 14-62

⑩ 完成裙片的基础制版，如图 14-63 所示。

⑪ 从后侧颈点沿后肩线向右 5cm 处取点，并与后省尖相连，画出▲线，定出肩带位置；再向右移动 3cm 画出▲线的平行线，作为后肩带。从前侧颈点沿前肩线往左 5cm 处取点，以肩带宽 3cm 做两条平行线，画出前肩带，如图 14-64 所示。

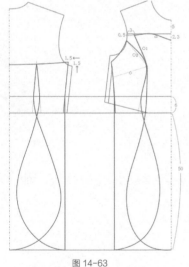

图 14-63

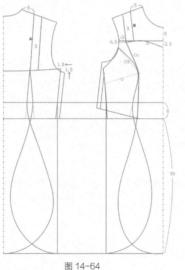

图 14-64

⑫ 后裙片上边向下平移 3cm，画出后贴边和后侧贴边，并确定后贴边和后侧贴边的形状；前裙片上边向下平移 3cm，画出前贴边和前侧贴边，并确定前贴边和前侧贴边的形状，如图 14-65 所示。

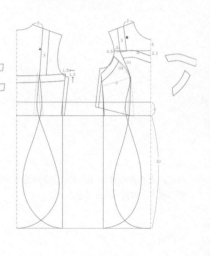

图 14-65

肩带制版

量出前肩带长■和后肩带长▲，将两者之和作为肩带长，肩带宽为 3cm×2（会折叠），如图 14-66 所示。

▲ + ■

图 14-66

蝴蝶结制版

① 画蝴蝶结，长 24cm，宽 11cm，如图 14-67 所示。

图 14-67

② 画蝴蝶结绑带，长 10cm，宽 5cm，如图 14-68 所示。

图 14-68

布料正面	布料背面	花边 / 蕾丝

14.4.1 立领内搭 op

① 前片收省，如图 14-69 所示。

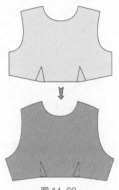

图 14-69

② 后片收省，如图 14-70 所示。

图 14-70

③ 将前片和后片在肩部缝合并锁边，如图 14-71 所示。

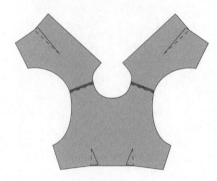

图 14-71

④ 袖子荷叶边三折边后缝合固定，如图 14-72 所示。

图 14-72

⑤ 将袖子和袖子荷叶边正面相对缝合并锁边（用同样的方法制作好两个袖子备用），如图 14-73 所示。

图 14-73

⑥ 袖子和衣片袖窿正面相对缝合并锁边，如图 14-74 所示。

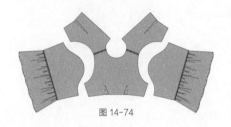

图 14-74

⑦ 袖子和衣片拼接好后沿肩线对折，缝合袖底缝和前后衣片的侧缝，并锁边，如图 14-75 所示。

图 14-75

⑧ 拼接裙片的前后片，并锁边，如图 14-76 所示。

图 14-76

⑨ 在裙腰处用缝纫机的最大针距车两条线用于抽褶（即手动抽褶），如图 14-77 所示。

图 14-77

⑩ 通过抽拉车出的两条线，使裙片腰围和上衣腰围长度一致，将褶子调整均匀，如图 14-78 所示。

图 14-78

⑪ 将上衣片和裙片缝合到一起，如图14-79所示。

⑫ 领片正面相对缝合弧线部分，然后将内侧缝份向上翻折，如图14-80所示。

图 14-80

⑬ 把领片翻到正面，如图14-81所示，用同样的方法缝好另外一个领子备用。

图 14-81

⑭ 把两片领尖对准前衣片正中位置，然后将未向内翻折的一边的缝份与衣片上对应位置缝合，如图14-82所示。

图 14-79

图 14-82

⑮ 在衣片后面标注好的位置上装拉链，并锁边，然后缝合不需要装拉链的地方，如图14-83所示。

⑯ 用领片的缝份压住拉链然后缝合固定，之后将裙摆三折边缝合，如图14-84所示。

⑰ 把衣服翻到正面，在裙片上合适的位置做出荷叶边装饰的标线，如图14-85所示。

图 14-83

图 14-84

图 14-85

⑱ 将荷叶边抽褶后压缝在相应位置上，如图14-86所示。

图 14-86

14.4.2 花瓣形外搭 jsk

① 拿出肩带，将肩带正面相对，缝合其中的两边，另一边留着等会缝，如图 14-87 所示。

图 14-87

② 用任意的长条工具把肩带通过刚才留的一边翻到正面，如图 14-88 所示。

图 14-88

③ 将缝合的两边压线固定，如图 14-89 所示。

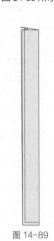

图 14-89

④ 使用包边条包住裙片上弧形部分没有留缝份的边，如图 14-90 所示。

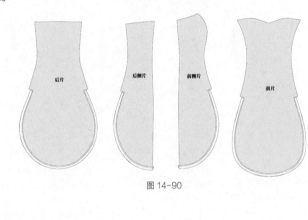

图 14-90

⑤ 拼合裙后片和裙后侧片，并锁边，如图 14-91 所示。

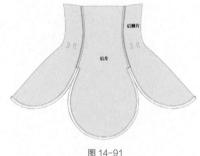

图 14-91

⑥ 用同样的方法做好前片，如图 14-92 所示。

图 14-92

⑦ 前片与后片正面相对缝合并锁边，先在需要装拉链的一侧装拉链，再分开锁边，如图 14-93 所示。

图 14-93

⑧ 拼合好贴边，如图 14-94 所示。

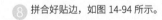
拼缝后贴边与后侧贴边

拼缝前贴边与前侧贴边

将前后贴边拼接起来，下边锁边，准备装拉链的侧缝不缝

图 14-94

⑨ 将肩带缝合到裙片上，如图 14-95 所示。

图 14-95

⑩ 将贴边放在衣片上部的相应位置，正面相对缝合，如图 14-96 所示。

⑪ 翻到正面，处理好贴边侧缝处的拉链，就完成了，如图 14-97 所示。

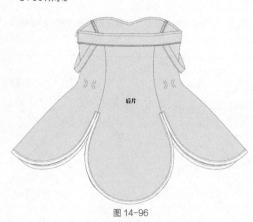

图 14-96

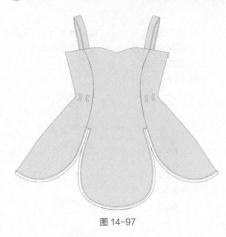

图 14-97

第 15 章

宴平乐

如图 15-1~15-4 所示，这是一件洛丽塔套装，由内搭的洛丽塔衬衫和外搭的 jsk 组成。衬衫是白色的，领口处加了一些蕾丝花边，袖子做了一些蓬松效果，这样可以显得整体更加可爱。

红色 jsk 搭配白色衬衫，这是一种经典的搭配。jsk 上印有梅花，胸前的金色缎带使整条裙子更加亮眼。另外，裙子配了一条罩衫，给整条裙子增添了更多的层次感，使整条裙子更加漂亮。这个款式使用其他印花图案的布料时，又会给人不一样的感觉。

图 15-1

图 15-2

图 15-3

图 15-4

15.2.1 版型数据

该款洛丽塔裙子的内搭衬衫尺码如表 15-1 所示。

表 15-1 衬衫版型数据

尺码	适合身高 / 胸围	服装胸围	肩宽	衣长
S	155/80cm	100cm	37cm	60.5cm
M	160/84cm	104cm	38.5cm	62cm
L	165/88cm	108cm	40cm	63.5cm

该款洛丽塔裙子的外搭 jsk 尺码如表 15-2 所示。

表 15-2 裙子版型数据

尺码	适合身高 / 胸围	服装胸围	腰围	裙长
S	155/80cm	88cm	70cm	82cm
M	160/84cm	92cm	74cm	85.5cm
L	165/88cm	96cm	78cm	89cm

☆本款后背为素鸡（橡筋），服装胸围、腰围都可进行一定程度的调节。

15.2.2 各片分解图

内搭衬衫正面结构如
图 15-5 所示。

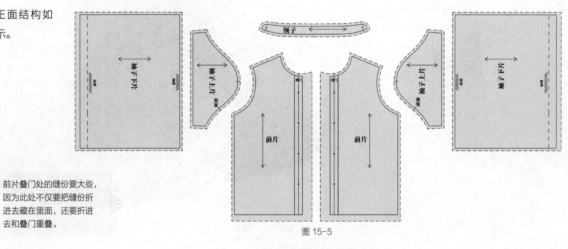

小贴士 前片叠门处的缝份要大些，因为此处不仅要把缝份折进去藏在里面，还要折进去和叠门重叠。

图 15-5

内搭衬衫背面结构如
图 15-6 所示。

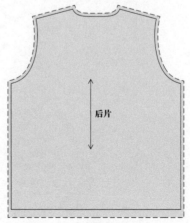

图 15-6

外搭 jsk 正面结构如图 15-7 所示。

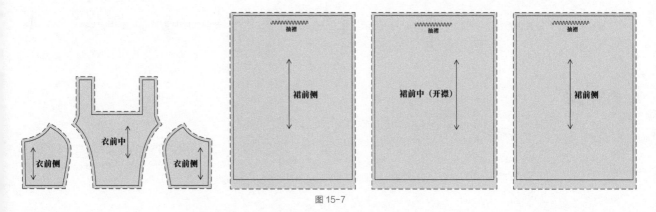

图 15-7

外搭 jsk 背面结构如图 15-8 所示。

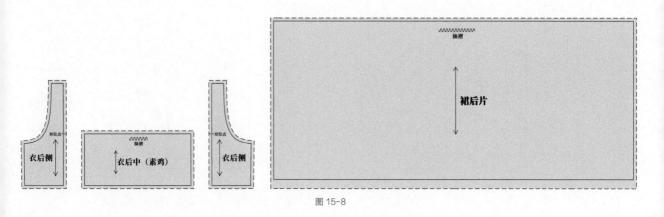

图 15-8

外搭 jsk 罩衫结构如图 15-9 所示。

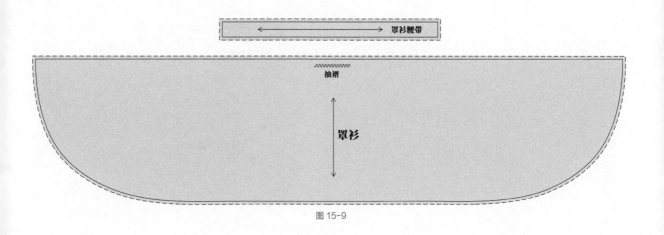

图 15-9

15.3.1 注寸法制版

注寸法直接标注了各版片的数据，如图 15-10~ 图 15-22 所示。此方法简单易掌握，适合非专业的服装爱好者和新手使用。

S= 蓝色　M= 绿色　L= 红色

1. 内搭衬衫

小贴士 叠门共 2.5cm，为了让缝份能叠进来且折一部分进去以与叠门重叠，叠门处的缝份要大些，为 2.5cm+1cm=3.5cm。

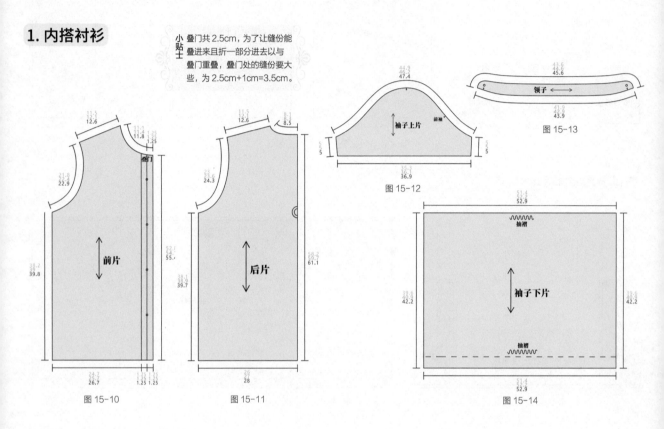

图 15-10　　图 15-11

图 15-12

图 15-13

图 15-14

2. 外搭 jsk

小贴士 此处将裙后片和左右两个裙侧片连裁在一起，这样能少进行两次缝合工作。

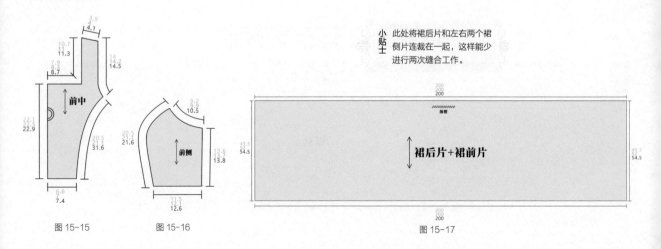

图 15-15　　图 15-16

图 15-17

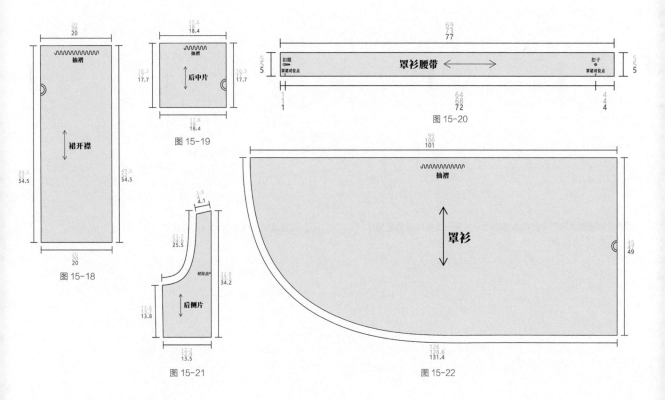

图 15-18

图 15-19

图 15-20

图 15-21

图 15-22

15.3.2　原型法制版

原型法是在原型版的基础上进行制版，可以更加准确、科学、高效地制作出合身的版型。首先需要按照本书第 3 章介绍的方法绘制好自身尺码的原型版，制图过程中所涉及的各类名称请参考本书 2.2 节。

1. 内搭衬衫制版

→ 衣片制版 ←

① 后侧颈点沿后肩线向右移动 0.5cm，画一条新的后领窝弧线；前侧颈点沿前肩线向左移动 0.5cm，画一条新的前领窝弧线，如图 15-23 所示。

② 从后袖窿底点向右画水平线与前侧缝线相交，如图 15-24 所示。

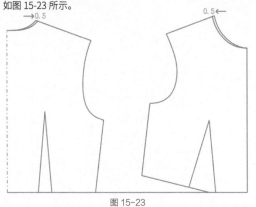

图 15-23

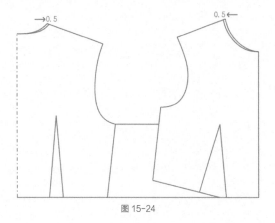

图 15-24

③ 前袖窿底点向左移动 2.5cm 并下移到第 2 步画的水平线上，然后画一条新的前袖窿弧线，如图 15-25 所示。

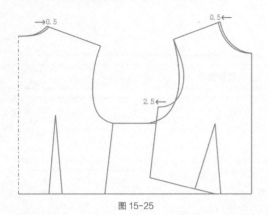

图 15-25

④ 取与前肩线相同的长度，画出新的后肩线，如图 15-26 所示。

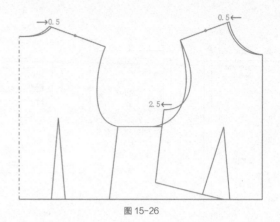

图 15-26

⑤ 后袖窿底点沿水平线向右移动 2cm，画一条新的后袖窿弧线，如图 15-27 所示。

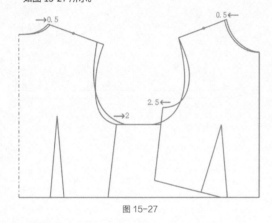

图 15-27

⑥ 从腰线往下移 22cm，得到新的衣片长，如图 15-28 所示。

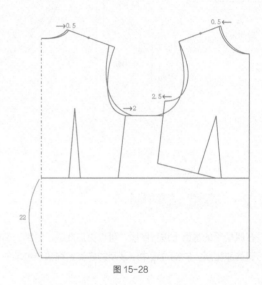

图 15-28

⑦ 分别从新的前、后袖窿底点向下做垂线与衣摆相交，作为新的前、后侧缝线，如图 15-29 所示。

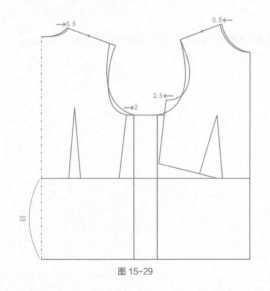

图 15-29

⑧ 将前中心线向右平移 1.25cm，画出门襟的一侧，如图 15-30 所示。

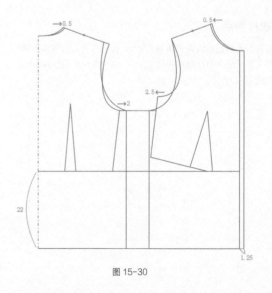

图 15-30

⑨ 将前中心线向左平移 2.5cm，画出门襟的另一侧，以此确定出
叠门位置，如图 15-31 所示。

⑩ 定出扣子的位置，如图 15-32 所示。

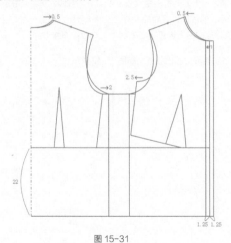

图 15-31

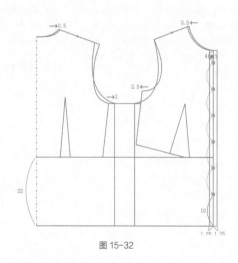

图 15-32

⑪ 完成衣片的制版，如图 15-33 所示。

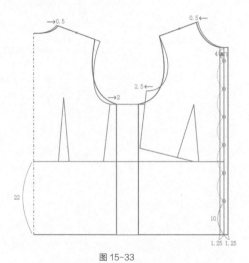

图 15-33

小贴士 叠门处的缝份比较特殊，因为这里要叠进来，还要多折
一次把缝份藏在里面，所以此处的缝份要比整个叠门都
大，此处可以放缝份为重叠的量（1.25+1.25）cm，
再加 1cm 折进去的量，共 3.5cm。

◆ 领片制版 ◆

① 量出前、后领窝弧线的长度并相加，如图 15-34 所示。

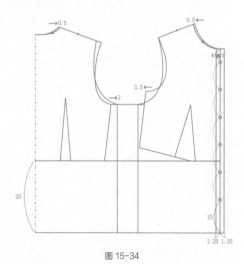

图 15-34

小贴士 此处量前领窝弧线的时候，注意要量到叠门中间的
位置。

② 以前、后领窝弧线相加的长度画出水平线，
并三等分此线，然后画出 3cm 的领高，
如图 15-35 所示。

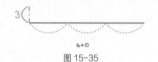

图 15-35

③ 在前领处垂直向上画出 1.7cm 的起翘量，
并连接至水平线从左至右第三等份处，如
图 15-36 所示。

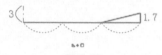

图 15-36

④ 过第 3 步连接的线的右端点作垂线，作为
辅助线，如图 15-37 所示。

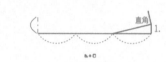

图 15-37

⑤ 根据做出的辅助线，画出领子的形
状，如图 15-38 所示。

⑥ 完成立领的制版，如图 15-39 所示。

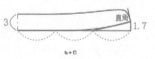

图 15-38

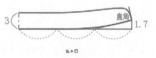

图 15-39

袖片制版

① 画袖子，袖长 54cm 加 4cm 的松量，共58cm，袖山高（AH/4+1）cm，从袖山顶点往两侧分别画线到袖肥线上，长度分别为（后 AH+0.5）和前 AHcm，如图15-40 所示。

② 将后袖山斜线分为 3 等份，在第一等份处向右上垂直画出 1.8cm 的线段，将第三等份平分后再在中点位置向左下垂直画出 0.5cm 的线段；将前袖山斜线分为 4 等份，在第一等份处向左上垂直画 1.85cm 的线段，在第三等份处向右下垂直画出 1.2cm 的线段，如图 15-41 所示。

③ 将第 2 步画出的辅助线的端点依次连顺，画出弧线，如图 15-42 所示。

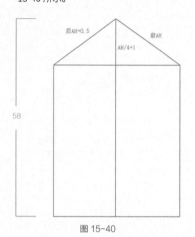

图 15-40

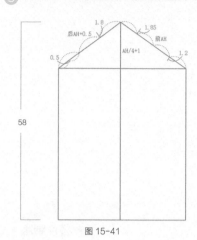

图 15-41

图 15-42

④ 完成基础袖型的制版，如图 15-43 所示。

⑤ 将基础袖型的袖肥线向下平移 5cm做分割，如图 15-44 所示。

⑥ 此时完成了袖子上片的制版，如图 15-45所示。

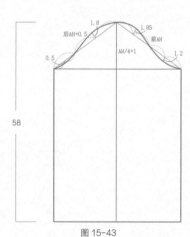

图 15-43

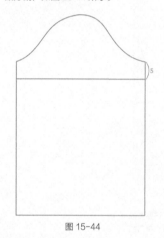

图 15-44

图 15-45

⑦ 将基础袖型的下部分从中间破开，加入12cm 的量，如图 15-46 所示。

⑧ 完成袖子下片的制版，如图 15-47 所示。

图 15-46

图 15-47

2. 外搭 jsk 制版

◆ 衣片制版 ◆

① 从后侧颈点沿后肩线向右移 1cm 处取点，过此点向下画垂线，与后腰线相交；从前颈点沿前中心线向下 3.5cm 处取点，过此点向左画水平线，从前侧颈点沿前肩线向左 1cm 处取点，过此点往前腰线画垂线，与刚画的水平线相交，如图 15-48 所示。

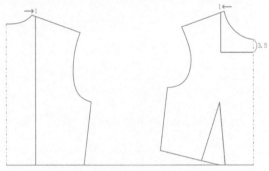

图 15-48

② 肩带宽取 4cm，如图 15-49 所示。

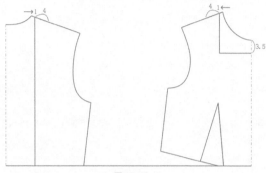

图 15-49

③ 后袖隆底点沿后袖隆弧线向左移动 1.5cm，向上移动 1cm，画一条新的后袖隆弧线。前袖隆底点沿前袖隆弧线向右移动 1.5cm，向上移动 1cm，画一条新的前袖隆弧线，如图 15-50 所示。

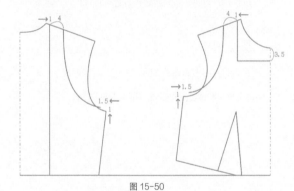

图 15-50

④ 后腰线缩进 1cm，后腰线右端点与新后袖隆底点连接，作为新的后侧缝线；画经过新的前袖隆底点并平行于前侧缝线的线段，作为新的前侧缝线，如图 15-51 所示。

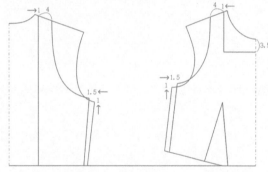

图 15-51

⑤ 前腰省定为 3cm，如图 15-52 所示。

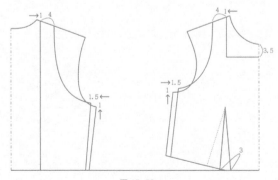

图 15-52

⑥ 前腰线定为腰围除以 4，然后加上 3cm 的省量和 1cm 的松量；从新的前袖隆底点沿前侧缝线往下 5cm 处取点，过此点画线与 BP 连接，并将此点与前腰线左端点连接，如图 15-53 所示。

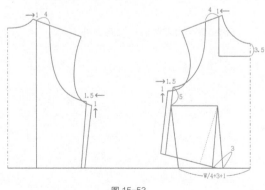

图 15-53

⑦ 计算出前侧缝线和后侧缝线的差值，并以此差值作为侧缝省的量，在前侧缝线上画出侧缝省（此时前、后片上的橘线长度相等），如图 15-54 所示。

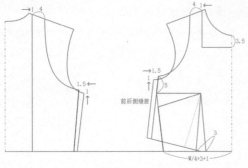

图 15-54

⑧ 把省尖和省的位置整体向左移动 1cm，如图 15-55 所示。

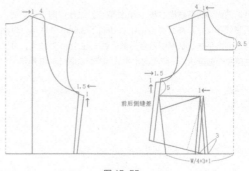

图 15-55

⑨ 画出袖窿省的位置，并画一条袖窿省和腰省的弧线，如图 15-56 所示。

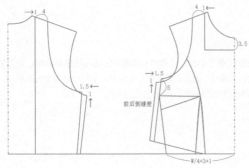

图 15-56

⑩ 将◇1 线与◇2 线重合，进行转省，如图 15-57 所示。

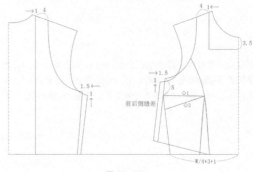

图 15-57

⑪ 完成转省，如图 15-58 所示。

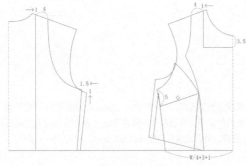

图 15-58

⑫ 画一条前侧缝线和破缝处的弧线，如图 15-59 所示。

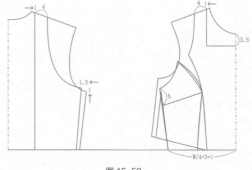

图 15-59

⑬ 将前、后腰线整体向上移动 5cm，如图 15-60 所示。

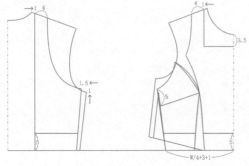

图 15-60

⑭ 确定后片素鸡（橡筋）的位置并画出，如图 15-61 所示。

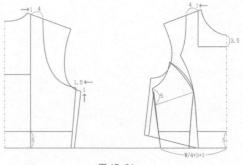

图 15-61

15 后片素鸡多放出一倍的褶量，作为橡筋收缩的量，如图 15-62 所示。

16 完成衣片的制版，如图 15-63 所示。

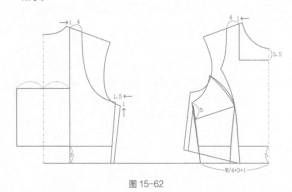

图 15-62

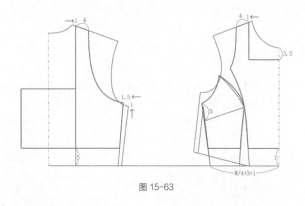

图 15-63

◆ 裙片制版 ◆

1 画出裙后片，宽 120cm，高 52cm，如图 15-64 所示。

图 15-64

2 裙前片和裙后片等宽等高，画好矩形后，六等分裙长，在第二等份处进行分割，本款是侧开襟款式，分割后得到侧开襟和裙前片，如图 15-65 所示。

图 15-65

3 完成开襟的制版，如图 15-66 所示。

4 完成裙前片的制版，如图 15-67 所示。裙前片可以二等分，分别作为裙侧片，这时开襟可以作为裙中片，也可以一起加入裙后片的量里裁成一整片。

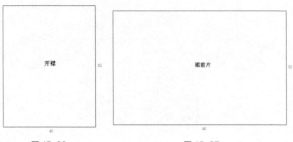

图 15-66　　　　　图 15-67

◆ 罩衫制版 ◆

1 画出宽 100cm、高 47cm 的罩衫（一半的量，虚线表示还有对称的另一半），底部端点往斜上 45°角 17cm 处取点，经过此点画一条弧线，如图 15-68 所示。

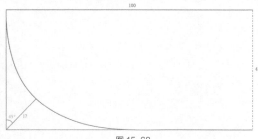

图 15-68

2 以腰围 +4cm 调节量画出罩衫腰带长，罩衫腰带宽定为 5cm，腰带其中一边画出 5cm 的搭门（门襟与里襟叠在一起的部位），画出钉扣位置，如图 15-69 所示。

图 15-69

◆ 蝴蝶结制版 ◆

1 画出蝴蝶结，长 17cm，宽 6cm，如图 15-70 所示。

2 画出蝴蝶结绑带，长 9cm，宽 4cm，如图 15-71 所示。

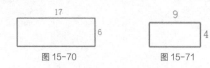

图 15-70　　　　　图 15-71

15.4.1 内搭衬衫

① 将两份前片在门襟处往内折两次，缝合固定门襟，如图 15-72 所示。

图 15-72

② 将前、后片在肩部缝合并锁边，如图 15-73 所示。

图 15-73

③ 在袖子下片的拼接处用缝纫机的最大针距车两条线，准备进行手动抽褶，如图 15-74 所示。

图 15-74

④ 将袖子下片手动抽褶到和袖子上片拼接处等长，将褶子调整均匀，如图 15-75 所示。

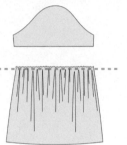

图 15-75

⑤ 拼接袖子上下片并锁边，如图 15-76 所示。

图 15-76

⑥ 将衣片袖窿和袖子的袖山斜线缝合并锁边，如图 15-77 所示。

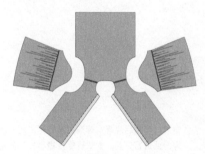

图 15-77

⑦ 沿肩线对折衣片，肩部缝份倒向后侧，如图 15-78 所示。

图 15-78

⑧ 缝合袖底缝和前后衣片的侧缝并锁边，如图 15-79 所示。

图 15-79

⑨ 在衣摆和袖口三折边收缝份，如图 15-80 所示。

图 15-80

⑩ 在袖口车橡筋，以收袖口，如图 15-81 所示。

图 15-81

⑪ 领子正面相对，缝合上领边，将下领边的外侧缝份往上翻上去，以便将领子缝合到衣片上，如图 15-82 所示。

图 15-82

⑫ 把领内侧缝份和衣片领处缝份缝合，再把领外侧缝份翻下来，一起夹住衣片的领口，如图 15-83 所示。

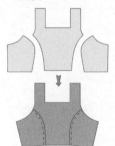

图 15-83

⑬ 翻到正面，在正面车线，固定领子，完成内搭衬衫的制版，如图 15-84 所示。

图 15-84

15.4.2 外搭 jsk

① 将前中片和前侧片缝合，如图 15-85 所示。

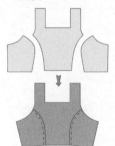

图 15-85

② 将前片和后侧片在肩部缝合，并以同样的方法做好里布，如图 15-86 所示。

图 15-86

③ 里布和面布正面相对，缝合袖窿和领的位置，留出之后上素鸡的位置不缝，如图 15-87 所示。

图 15-87

④ 把衣片从里面翻到正面，如图 15-88 所示。

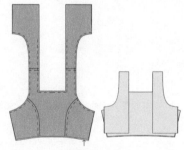

图 15-88

⑤ 将素鸡的里布和面布正面相对，将上边缝合后翻到正面，再车 6 条线形成 3 个隧道，用于穿橡筋，如图 15-89 所示。

图 15-89

⑥ 橡筋从车好的隧道中穿过，并在两边车线固定橡筋，如图 15-90 所示。

图 15-90

⑦ 把做好的素鸡夹在后侧片中并缝合固定，如图 15-91 所示。

⑧ 缝好素鸡后沿肩线对折，缝合前、后衣片的侧缝，面布和面布相缝，里布和里布相缝，如图 15-92 所示。

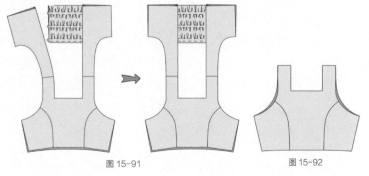

图 15-91   图 15-92

157

⑨ 将开襟和裙片缝合，完成整个裙片，如图 15-93 所示。

图 15-93

⑩ 缝合好在开襟分割处锁边，如图 15-94 所示。

图 15-94

⑪ 花边或蕾丝抽褶后和裙摆相缝，并锁边，如图 15-95 所示。

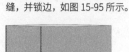

图 15-95

小贴士　此处裙片是裙后片和裙前侧片直接裁成一片的，这样可以少进行两次缝合工作。

小贴士　这个前开襟可以做前边，也可以做侧边，会产生不同的风格，此处将其做到了侧边。

⑫ 在裙腰用缝纫机的最大针距车两条线，准备进行手动抽褶，如图 15-96 所示。

图 15-96

⑬ 抽拉车好的线，手动抽褶到长度和上衣片长度相同，将褶子调整均匀，如图 15-97 所示。

图 15-97

⑭ 将处理好的裙片和上衣缝合，并锁边，完成外搭 jsk 的制作，如图 15-98 所示。

图 15-98

小贴士　缝到后片素鸡时需要把素鸡的布拉直后缝，这样才能有拉伸效果。

⑮ 在罩衫的上边用缝纫机的最大针距车两条线，准备进行手动抽褶，如图 15-99 所示。

图 15-99

⑯ 抽拉车好的线，手动抽褶到长度和罩衫腰带上标注的长度相等，将褶子调整均匀，如图 15-100 所示。

图 15-100

⑰ 将罩衫腰带正面相对，缝合两边，如图 15-101 所示。

图 15-101

⑱ 将罩衫腰带翻过来后，夹住罩衫裙腰处缝合，如图 15-102 所示。

图 15-102

⑲ 两边钉扣，完成罩衫的制作，如图 15-103 所示。

图 15-103

第 16 章

云墨丹心

少 女 的 洋 装 衣 橱

如图 16-1~16-5 所示，这是一款中国风四件套的洛丽塔套装。上身部分由汉服的交领上襦和方领半袖改良而来，上襦收了一下袖口，方领半袖增加了肩缝来贴合肩的角度；下身则由内搭的塔裙和外搭的四瓣式外裙组成。整体上采用了传统的红黑搭配，印花选用了带有中国元素的印花布料，通过吊带和吊穗在细节上增加一些可爱感，在方领的装饰上又有一点偏民族风的设计，整体上是中国风的样式。

大家制作的时候，也可以采用更多雪纺等柔软面料，或将红黑搭配做成哥特、暗黑等风格的样式，会产生更多的组合效果，进而挖掘出更多的样式。

图 16-1

图 16-2

图 16-3

图 16-4

图 16-5

16.2.1 版型数据

该款洛丽塔裙子的交领上衣（短款）尺码如表 16-1 所示。

表 16-1 交领上衣版型数据

尺码	适合身高 / 胸围	服装胸围	通袖长	衣长
S	155/80cm	92cm	148cm	48cm
M	160/84cm	96cm	152cm	49cm
L	165/88cm	100cm	156cm	50cm

该款洛丽塔裙子的方领半袖尺码如表 16-2 所示。

表 16-2 方领半袖衣服版型数据

尺码	适合身高 / 胸围	服装胸围	衣长
S	155/80cm	89cm	45cm
M	160/84cm	93cm	47cm
L	165/88cm	97cm	49cm

该款洛丽塔裙子的内搭塔裙尺码如表 16-3 所示。

表 16-3 内搭塔裙版型数据

尺码	适合身高	腰围	裙长
S	155cm	64cm	61.5cm
M	160cm	68cm	62.5cm
L	165cm	72cm	63.5cm

该款洛丽塔裙子的外搭四瓣裙尺码如表 16-4 所示。

表 16-4 外搭裙子版型数据

尺码	适合身高	腰围	裙长
S	155cm	64cm	62cm
M	160cm	68cm	63cm
L	165cm	72cm	64cm

16.2.2 各片分解图

交领上衣（短款）结构如图 16-6 所示。

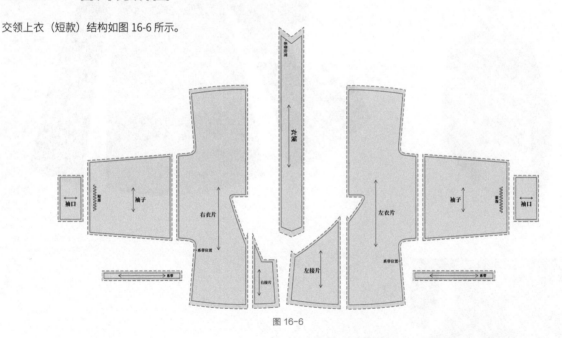

图 16-6

内搭塔裙结构如图 16-7 所示。

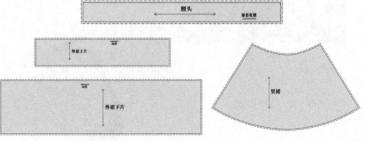

小贴士 腰头为一整片，外裙片和里裙片
为一半的量，且前、后片一样。

图 16-7

方领半袖结构如图 16-8 所示。

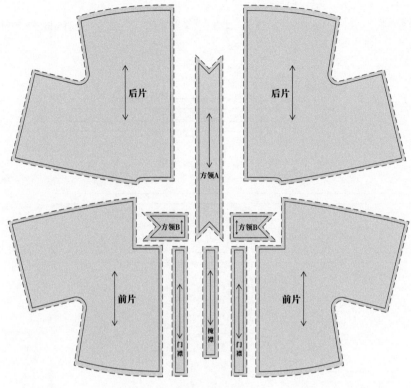

图 16-8

外搭四瓣裙结构如图 16-9 所示。

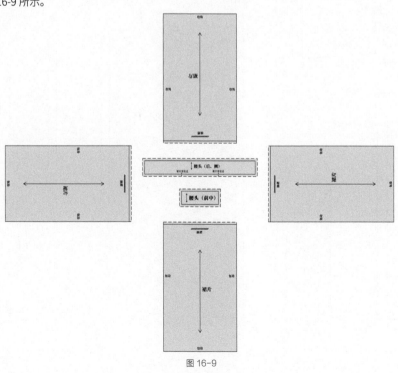

图 16-9

16.3.1 注寸法制版

注寸法直接标注了各版片的数据，如图 16-10~ 图 16-30 所示。此方法简单易掌握，适合非专业的服装爱好者和新手使用。

S= 蓝色　M= 绿色　L= 红色

1.交领上衣(短款)

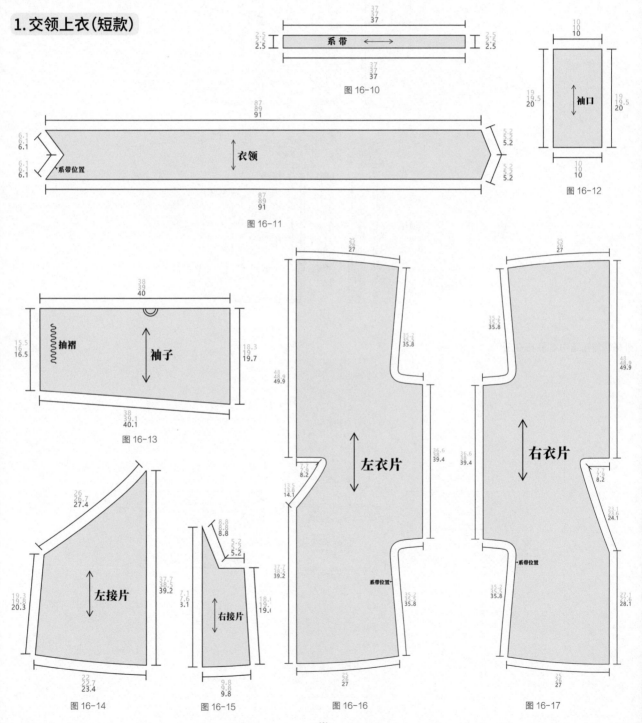

图 16-10

图 16-11

图 16-12

图 16-13

图 16-14

图 16-15

图 16-16

图 16-17

2. 方领半袖

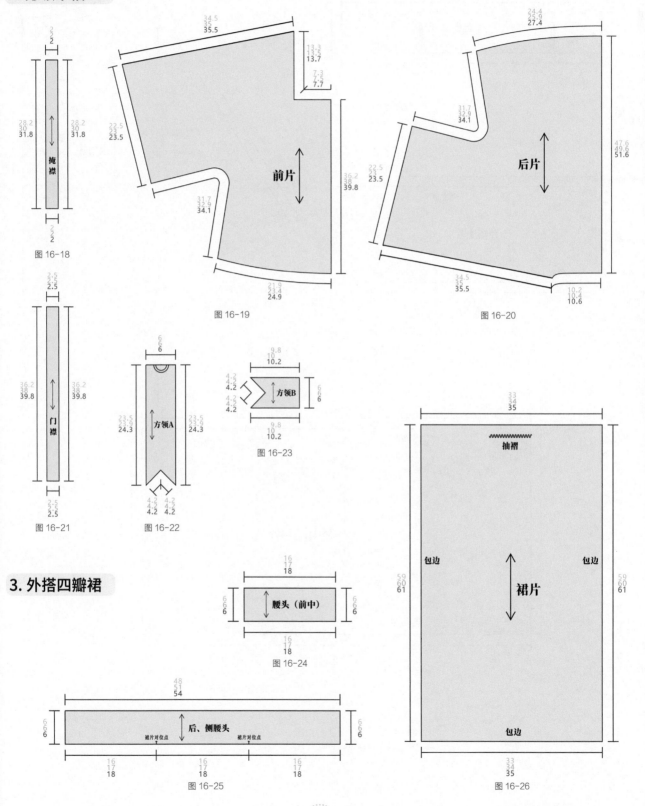

掩襟

28.2
30
31.8

2
2

28.2
30
31.8

2
2

图 16-18

门襟

36.2
38
39.8

2.5
2.5

36.2
38
39.8

2.5
2.5

图 16-21

34.5
35
35.5

13.3
13.5
13.7

7.3
7.5
7.7

前片

22.5
23
23.5

31.7
32.9
34.1

36.2
38
39.8

21.9
23.4
24.9

图 16-19

24.4
25.9
27.4

后片

31.7
32.9
34.1

22.5
23
23.5

47.6
49.6
51.6

34.5
35
35.5

10.2
10.4
10.6

图 16-20

方领A

6
6

23.5
23.9
24.3

23.5
23.9
24.3

4.2
4.2
4.2

4.2
4.2
4.2

图 16-22

方领B

9.8
10
10.2

4.2
4.2
4.2

4.2
4.2
4.2

6
6

9.8
10
10.2

图 16-23

3. 外搭四瓣裙

腰头（前中）

16
17
18

16
17
18

6
6

6
6

图 16-24

后、侧腰头

48
51
54

6
6

6
6

裙片对位点   裙片对位点

16
17
18

16
17
18

16
17
18

图 16-25

裙片

抽褶

33
34
35

包边   包边

59
60
61

59
60
61

包边

33
34
35

图 16-26

4. 内搭塔裙

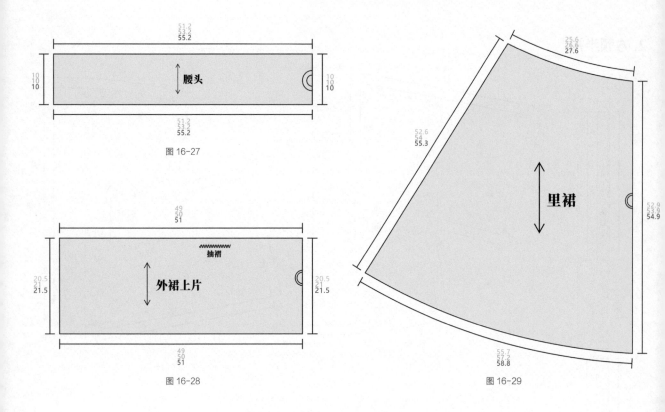

图 16-27

图 16-28

图 16-29

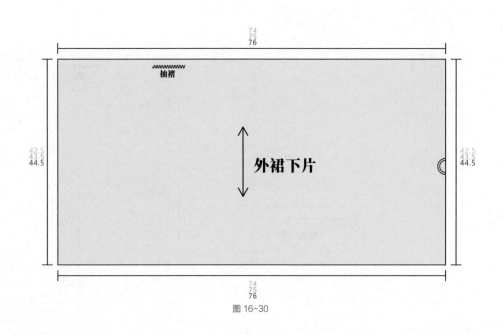

图 16-30

16.3.2 原型法制版

原型法是在原型版的基础上进行制版，可以更加准确、科学、高效地制作出合身的版型。首先需要按照本书第 3 章介绍的方法绘制好自身尺码的原型版，制图过程中所涉及的各类名称请参考本书 2.2 节。

1. 交领上衣（短款）制版

→ 衣片制版 →

① 拿出衣原型的前片，从前侧颈点水平向左画 63cm 长的线段，如图 16-31 所示。

图 16-31

② 从袖口处垂直向下画袖口，取 16cm，如图 16-32 所示。

图 16-32

③ 连接袖口下端点到前袖窿底点，如图 16-33 所示。

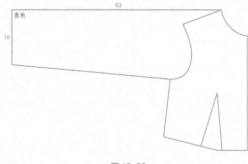

图 16-33

④ 在第 3 步画出的线上离前袖窿底点 9cm 处取点，在这里垂直向上画线，作为袖子分割线，如图 16-34 所示。

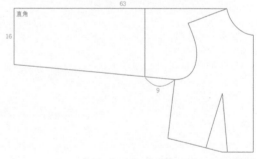

图 16-34

⑤ 前中心线向下延长 8.5cm，然后从延长线的下端点向左画水平线与前侧缝线的延长线相交，如图 16-35 所示。

图 16-35

⑥ 从前侧缝线下端点向上 2cm 左右处取点画垂线，然后连接到前中心线下端点，画一条弧线，如图 16-36 所示。

图 16-36

⑦ 在腋下处画一个顺滑的圆角，如图 16-37 所示。

图 16-37

⑧ 镜像复制出另外一侧前衣片的轮廓，如图 16-38 所示。

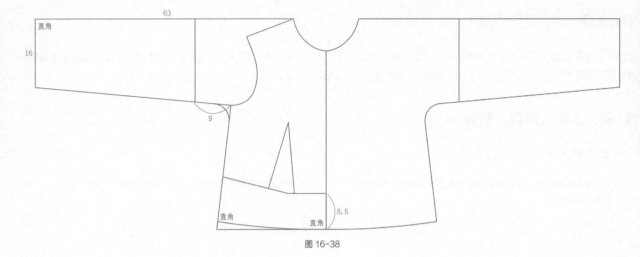

图 16-38

⑨ 画出内层右衣片（穿上后）上领子处的形状，如图 16-39 所示。

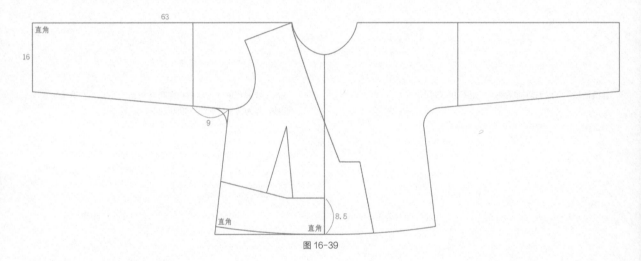

图 16-39

⑩ 下摆处同样要画直角并做起翘处理，如图 16-40 所示。

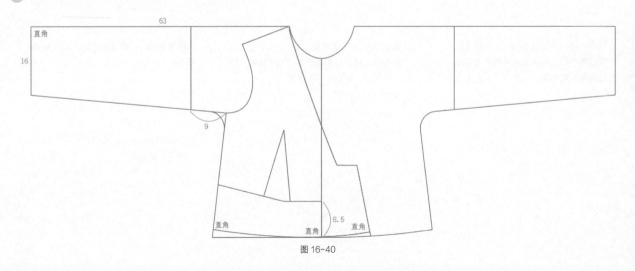

图 16-40

11 画出内层左衣片（穿上后）上领子处的形状，如图 16-41 所示。

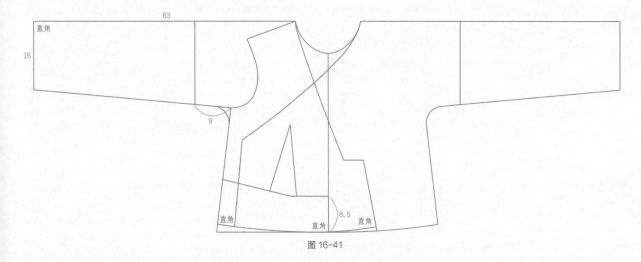

图 16-41

12 从肩线处做镜像处理，画出后衣片的轮廓，如图 16-42 所示。

13 从后领线向上移动 1cm，画出后领，如图 16-43 所示。

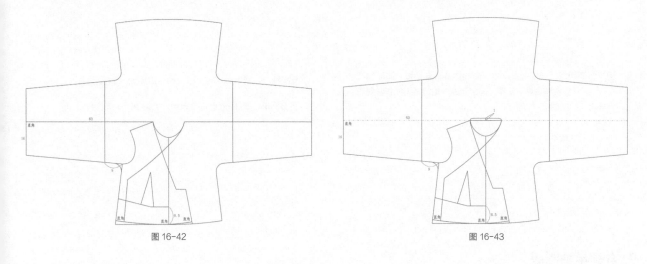

图 16-42

图 16-43

14 画出后衣片的中线，如图 16-44 所示。

15 完成衣片各片的制版，如图 16-45 所示。

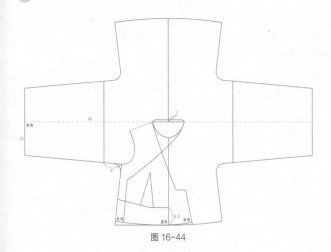

图 16-44

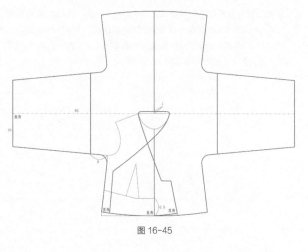

图 16-45

领片及其他部分制版

① 做一条辅助线，量出左衣片（穿上后）领处的角度▲，量出右衣片（穿上后）领处的角度■；做一条辅助线，量出领的宽度，此处为 4.5cm；量出领一圈的长度★，如图 16-46 所示。

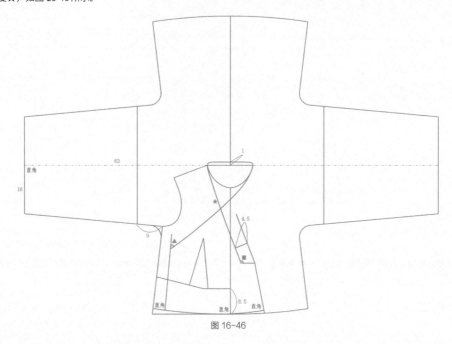

图 16-46

② 画平行四边形，长度为★，相邻角的角度为▲和■，高取领宽 4.5cm；然后做镜像对称处理，画出另外一侧领（因为衣领要对折缝合），如图 16-47 所示。

③ 画出袖口，宽 10cm，高 19.5cm，如图 16-48 所示。

④ 画出系带，宽 37cm，高 2.5cm，如图 16-49 所示。

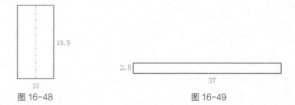

图 16-47

图 16-48

图 16-49

2. 方领半袖制版

衣片制版

① 拿出衣原型的前片，从前颈点沿前中心线向下 6cm 处取点，然后向左水平画 10cm 的线段，过此线段的左端点画垂直线与前肩线相交，交点为新的前侧颈点如图 16-50 所示。

② 在前肩点垂直向上 1.7cm 处取点，从新的前侧颈点画线经过此点，取 35cm，作为连肩袖长，如图 16-51 所示。

③ 在袖口处作垂线画出袖口，长度定为 23cm，如图 16-52 所示。

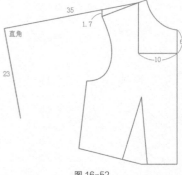

图 16-50

图 16-51

图 16-52

④ 从前袖窿底点沿前侧缝线向下 7cm 处取
点，作为新的前袖窿底点，然后画线与袖
口线的下端点连接，如图 16-53 所示。

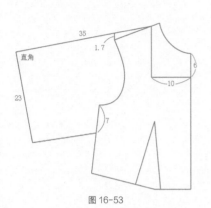

图 16-53

⑤ 将前中心线向下延长 10cm，作为新的衣
长，如图 16-54 所示。

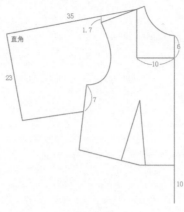

图 16-54

⑥ 过前中心线的下端点水平画出新的前腰线，并
与前侧缝线的延长线相交，如图 16-55 所示。

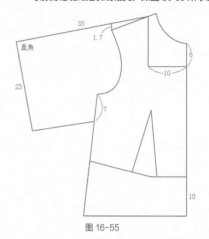

图 16-55

⑦ 过新的前腰线上从左往右 1/3 处作前侧缝
线的垂线，如图 16-56 所示。

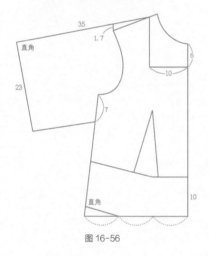

图 16-56

⑧ 画顺滑下摆，如图 16-57 所示。

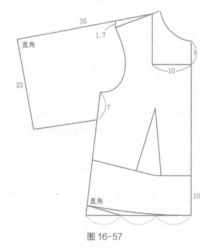

图 16-57

⑨ 在腋下处画一个顺滑的圆角，如图 16-58
所示。

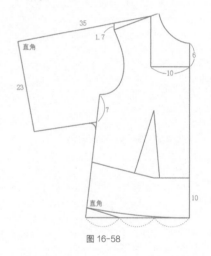

图 16-58

⑩ 完成前片基础型的制版，如图 16-59 所示。

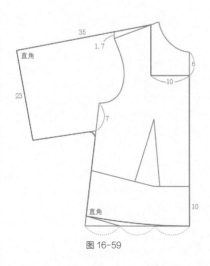

图 16-59

⑪ 将前中心线水平向左移 2.5cm 画线，如
图 16-60 所示。

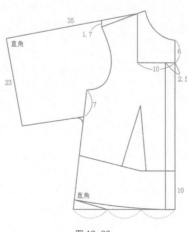

图 16-60

⑫ 从下摆位置向上 8cm 处取点，将此点到
前颈点的线段向右平移 2cm 作为掩襟宽
度，如图 16-61 所示。

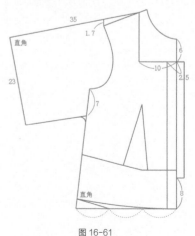

图 16-61

13 做上下对称处理，基于前片的外轮廓，画出后片的大致轮廓（领口补齐），如图 16-62 所示。

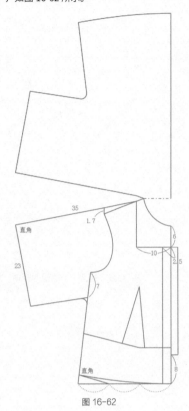

图 16-62

15 完成后片的制版，如图 16-64 所示。

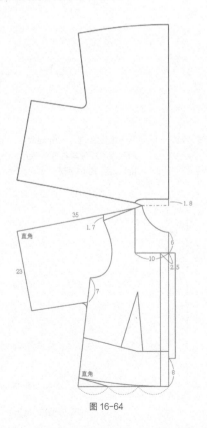

图 16-64

14 后颈点向下移 1.8cm，画一条后领窝弧线，后侧颈点要与前侧颈点对齐，如图 16-63 所示。

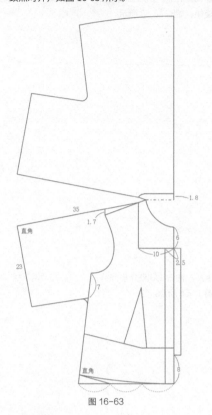

图 16-63

◆→ 领片制版 ◆→

1 取领宽为 3cm，如图 16-65 所示。

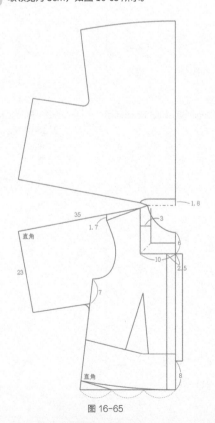

图 16-65

② 在衣领上量出方领 A（一半的量）的长度，并画出线段；领宽为 3cm，领角取和衣片上衣领同样的角度——45°，对称画出领片的另外一边，如图 16-66 所示。

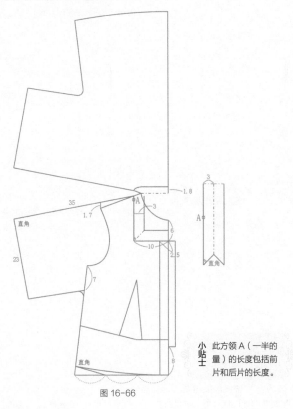

图 16-66

小贴士 此方领 A（一半的量）的长度包括前片和后片的长度。

③ 完成方领 A（一半的量）的制版，如图 16-67 所示。

图 16-67

④ 在衣领上量出方领 B 的长度，并画出线段；领宽为 3cm，领角取和衣片上衣领同样的角度——45°，对称画出领片的另外一边，如图 16-68 所示。

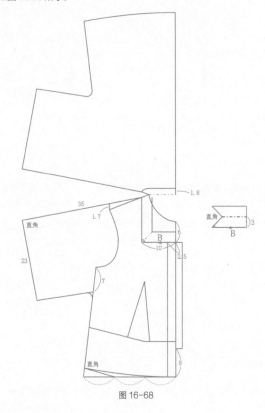

图 16-68

⑤ 完成方领 B 的制版，如图 16-69 所示。

图 16-69

3. 内搭塔裙制版

✦ 裙片制版 ✦

① 准备好裙原型，如图 16-70 所示。

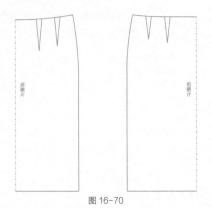

图 16-70

② 从裙原型的省尖处往下画垂线，如图 16-71 所示。

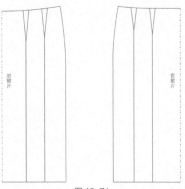

图 16-71

③ 把腰省的量转到裙摆上,如图 16-72 所示。

图 16-72

④ 画顺滑裙摆和裙腰,如图 16-73 所示。

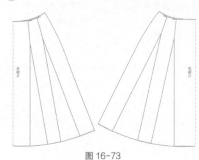

图 16-73

① 画出矩形,宽 68cm,高(即裙长)60cm,如图 16-80 所示。

图 16-80

⑤ 完成基本裙型的制版,如图 16-74 所示。

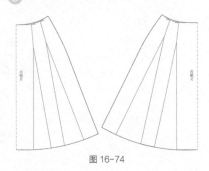

图 16-74

⑥ 在基本裙型的基础上加入量,腰处加入 10cm,裙摆处加入 15cm,如图 16-75 所示。

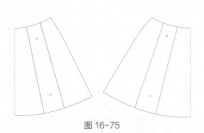

图 16-75

② 把裙片平均分成四等份,如图 16-81 所示。

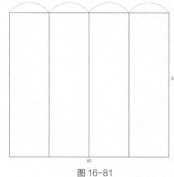

图 16-81

③ 取出单份裙片,给裙片加入一倍的褶量,如图 16-82 所示。

④ 完成裙片的制版,如图 16-83 所示。

⑦ 完成里裙片的制版,如图 16-76 所示。

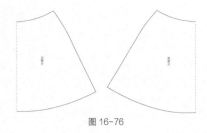

图 16-76

⑧ 量出里裙片裙腰的一半长度,以裙腰高 5cm 画出一半腰头(此时版片右边与上边都还有对称的另一半的量),如图 16-77 所示。

图 16-77

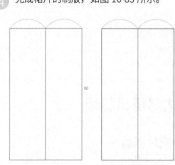

图 16-82   图 16-83

⑤ 画出裙腰高 6cm,并分割出前腰头和后、侧腰头,如图 16-84 所示。

⑨ 画出外裙上片,宽 100cm,高 21cm,如图 16-78 所示。

图 16-78

⑩ 画出外裙下片,宽为 150cm,高为 43.5m,如图 16-79 所示。

图 16-79

图 16-84

布料正面　　布料背面　　花边 / 蕾丝

16.4.1　交领上衣（短款）

① 将右衣片和右接片缝合并锁边；门襟边三
折边收缝份，如图 16-85 所示。

② 将左衣片和左接片缝合并锁边；门襟边三
折边收缝份，如图 16-86 所示。

③ 将拼合好的左衣片和右衣片在后中的位置
缝合并锁边，如图 16-87 所示。

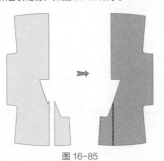

图 16-85

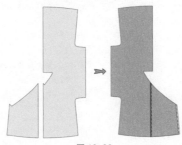

图 16-86

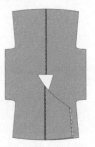

图 16-87

④ 将袖子和衣片相缝合并锁边，如图 16-88 所示。

⑤ 将系带收好缝份，如图 16-89 所示。

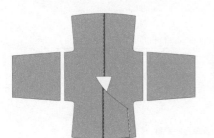

图 16-88

图 16-89

⑥ 把两个系带缝在衣片的相应位置上，如图 16-90 所示。

图 16-90

小贴士 左侧（穿上后）的系带需缝
在里面，未避免影响对主体
步骤的说明，这根系带在之
后步骤中先不显示，最后在
D 处（后续步骤会标出）该
系带会再显示出来。

⑦ 把衣片沿袖中线和肩线对折，正面相对，缝合袖底缝和前后衣
片的侧缝，如图 16-91 所示。

图 16-91

⑧ 下摆三折边收边，如图 16-92 所示。

图 16-92

⑨ 袖口正面相对对折缝合，缝好后沿中线对折，如图 16-93 所示。

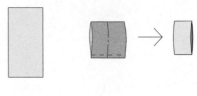

图 16-93

⑩ 在袖口用缝纫机的最大针距车两条线，准备进行手动抽褶，如图 16-94 所示。

图 16-94

⑪ 在袖口抽线收褶，收到和袖克夫长度一致，将褶子调整均匀，如图 16-95 所示。

图 16-95

⑫ 把做好的袖克夫接到衣服袖口处，如图 16-96 所示。

图 16-96

⑬ 将衣领沿中线对折，正面相对，如图 16-97 所示。

图 16-97

⑭ 缝合 A 边后，将背面翻到正面，如图 16-98 所示。

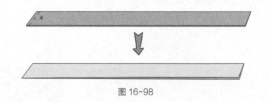

图 16-98

⑮ 处理好的衣领夹在衣片开领的位置，进行缝合，如图 16-99 所示。

图 16-99

⑯ B 处的缝份内折缝合，如图 16-100 所示。

图 16-100

⑰ C 处缝合系带，如图 16-101 所示。

图 16-101

⑱ D 处缝合系带，此系带通过和之前做的内侧系带绑定来固定内襟，如图 16-102 所示。

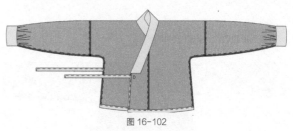

图 16-102

外襟在上的效果，如图 16-103 所示。

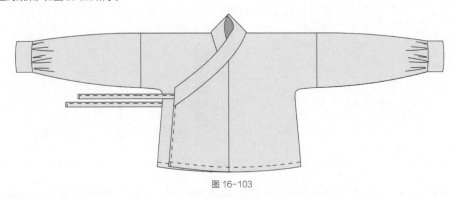

图 16-103

内襟在上的效果，如图 16-104 所示。

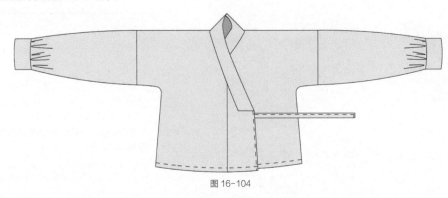

图 16-104

16.4.2　方领半袖

① 准备好左、右后片，如图 16-105 所示。

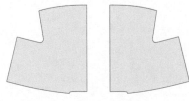

图 16-105

② 缝合后并锁边，如图 16-106 所示。

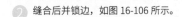
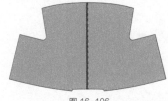

图 16-106

③ 把前片和后片在肩部缝合并锁边，如图 16-107 所示。

图 16-107

④ 沿肩线把衣片对折，并缝合袖底缝和前后片的侧缝，如图 16-108 所示。

图 16-108

⑤ 下摆和袖口三折边收边，如图 16-109 所示。

图 16-109

⑥ 掩襟正面相对进行缝合，如图 16-110 所示。

⑦ 掩襟缝好后翻到正面，如图 16-111 所示。

图 16-110　　　图 16-111

⑧ 门襟正面相对，并把缝好的掩襟夹在门襟中间，进行缝合，如图 16-112 所示。

图 16-112

⑨ 把门襟翻到正面并把缝份折进熨烫，掩襟一边被夹在门襟中间，如图 16-113 所示。

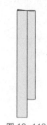

图 16-113

⑩ 另一侧不用加掩襟的门襟直接正面相对，进行缝合，如图 16-114 所示。

图 16-114

⑪ 缝好后翻到正面，并熨烫好缝份，如图 16-115 所示。

图 16-115

⑫ 做好的门襟（带掩襟的一边）夹着衣片门襟处缝合，如图 16-116 所示。

图 16-116

⑬ 另一份做好的门襟（不带掩襟的一边）夹着衣片门襟处缝合，如图 16-117 所示。

图 16-117

⑭ 沿蓝线对折方领 A 和 B，如图 16-118 所示。

图 16-118

⑮ 拼接好方领的形状，蓝色为对折线，如图 16-119 所示。

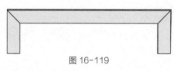

图 16-119

⑯ 将方领橘色边的缝份向里折叠并熨烫，如图 16-120 所示。

图 16-120

⑰ a 边与 a 边相对，将方领的橘色边和衣片的橘色边缝合，如图 16-121 所示。

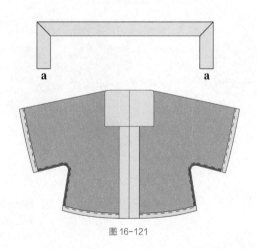

图 16-121

⑱ 翻到正面，缝上扣子，完成制作，如图 16-122 所示。

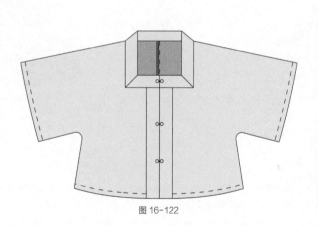

图 16-122

16.4.3 内搭塔裙

①在外裙下片的上边用缝纫机的最大针距车两条线，准备进行手动抽褶，如图 16-123 所示。

图 16-123

②抽拉车好的线，手动抽褶到和外裙上片等长后将褶子调整均匀，然后将两者缝合在一起并锁边，如图 16-124 所示。

图 16-124

③以同样的方法在外裙上片的上边用缝纫机的最大针距车两条线，准备进行手动抽褶，如图 16-125 所示。

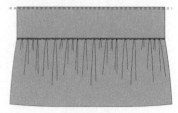

图 16-125

④手动抽褶到长度和腰头一半的长度相等，将褶子调整均匀，如图 16-126 所示。

图 16-126

⑤以同样的方法做好前后片，缝合前后片并锁边，如图 16-127 所示。

图 16-127

⑥下摆三折边缝合固定，如图 16-128 所示。

图 16-128

⑦将裙子翻到正面，如图 16-129 所示。

图 16-129

⑧将里裙片正面相对缝合并锁边，如图 16-130 所示。

图 16-130

⑨花边抽褶后与里裙片下摆缝合并锁边，如图 16-131 所示。

图 16-131

⑩在裙腰处用缝纫机的最大针距车两条线，准备进行手动抽褶，如图 16-132 所示。

图 16-132

⑪抽拉裙腰处的线，使其和腰头等长，将褶子调整均匀，如图 16-133 所示。

图 16-133

⑫将腰头两端缝合起来，其中留出 2cm 不缝，用于装橡筋，如图 16-134 所示。

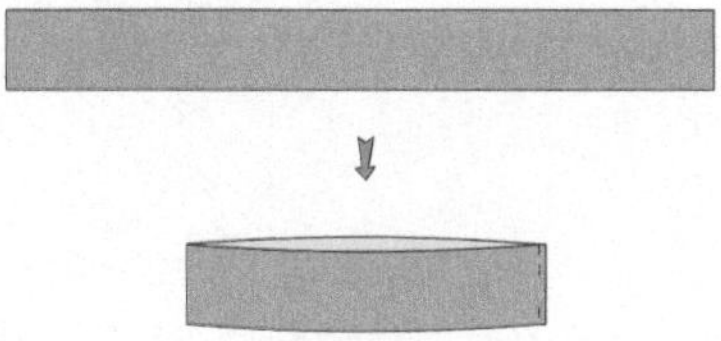

图 16-134

⑬腰头上下对折，如图 16-135 所示。

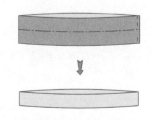

图 16-135

⑭ 将里、外两层裙片在腰的位置固定在一起后，将腰头固定在裙腰上，如图16-136所示。

图 16-136

⑮ 橡筋从腰头开口处穿入，并缝合连接好，如图16-137所示。

图 16-137

⑯ 橡筋放入腰头里，手缝（藏针缝）缝好开口，完成整件裙子的制作，如图16-138所示。

图 16-138

16.4.4　外搭四瓣裙

① 裙片的三边用包边条包边，如图16-139所示。

图 16-139

② 裙腰一边用缝纫机的最大针距车两条线，准备进行手动抽褶，如图16-140所示。

图 16-140

③ 将裙片抽褶到和前腰头等长，将褶子调整均匀，如图16-141所示。

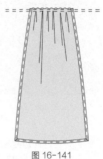

图 16-141

④ 前腰头沿中线对折，并把缝份折在里面，如图16-142所示。

图 16-142

⑤ 前腰头夹住一份裙片的上边，然后进行缝合，如图16-143所示。

图 16-143

⑥ 后、侧腰头沿中线对折，并把缝份折在里面，如图16-144所示。

图 16-144

⑦ 后、侧腰头夹住其他三份裙片的上边，并缝合好，如图16-145所示。

图 16-145

⑧ 在后、侧腰头和前腰头拼合的位置扣子固定，完成外搭四瓣裙的制作如图16-146所示。

图 16-146

第 17 章

洛丽塔小物制作

少 女 的 洋 装 衣 橱

17.1.1 蝴蝶结 1

① 准备好材料：布料、衬、装饰花边、织带，如图 17-1 所示。

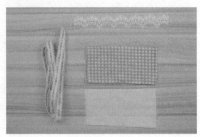

图 17-1

② 用熨斗烫衬布料，使其变硬，没有那么柔软，如图 17-2 所示。

图 17-2

③ 把装饰花边放在布料的合适位置上，如图 17-3 所示。

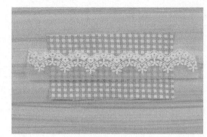

图 17-3

④ 把装饰花边固定在布料上，如图 17-4 所示。

图 17-4

⑤ 前后两份布料正面相对缝合，如图 17-5 所示。

图 17-5

⑥ 布料正面相对缝合时，留出一段距离先不缝，作为翻口，如图 17-6 所示。

图 17-6

⑦ 缝好后，如图 17-7 所示。

图 17-7

⑧ 从翻口处翻到正面，把预留的开口缝起来，如图 17-8 和图 17-9 所示。

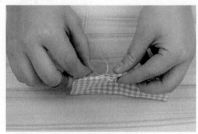

图 17-8

图 17-9

⑨ 把蝴蝶结中间折起来，并用线绕几圈固定，如图 17-10 所示。

图 17-10

⑩ 用织带绑住蝴蝶结，并手缝固定，如图 17-11 所示。

图 17-11

⑪ 完成作品，如图 17-12 所示。

图 17-12

17.1.2 蝴蝶结 2

① 准备好材料：几种丝带，如图 17-13 所示。

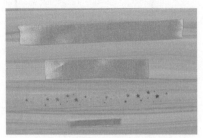

图 17-13

② 将丝带向内折并手缝固定，如图 17-14 所示。

图 17-14

③ 另一份丝带同样向内折并手缝固定，如图 17-15 所示。

图 17-15

④ 把两层缝好的丝带和另一份丝带叠在一起缝合固定，如图 17-16 所示。

图 17-16

⑤ 把蝴蝶结中间捏在一起并用线绕几圈固定，如图 17-17 所示。

图 17-17

⑥ 用同色的丝带绑住蝴蝶结，完成制作，如图 17-18 所示。

图 17-18

17.1.3 蝴蝶结 3

① 准备好材料：丝带和装饰扣，如图 17-19 所示。

图 17-19

② 把两份丝带向内折拼合，如图 17-20 所示。缝合拼接处，如图 17-21 所示。

图 17-20   图 17-21

③ 把两份丝带交叉固定，如图 17-22 所示。

图 17-22

④ 把交叉固定的蝴蝶结中间捏在一起并用线绕几圈固定，如图 17-23 所示。

图 17-23

⑤ 在蝴蝶结中间缝上一颗装饰扣，如图 17-24 所示。

图 17-24

⑥ 完成作品，如图 17-25 所示。

图 17-25

① 准备好材料和工具：丝绒带、几种丝带、发箍、装饰扣、打火机、热熔胶枪，如图17-26所示。

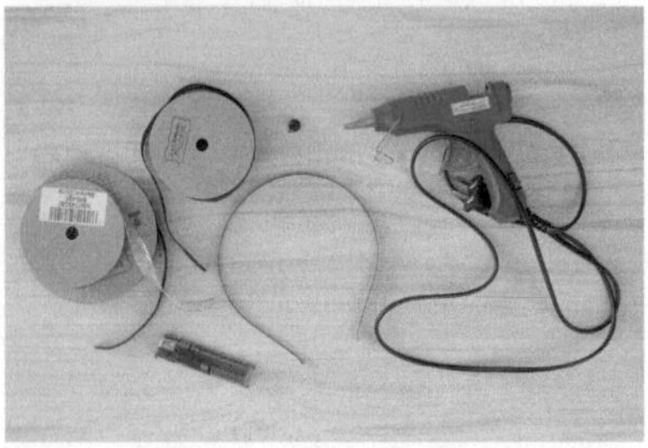

② 丝绒带的边缘先用打火机烤一下以免丝绒带滑丝，如图17-27所示。

③ 用热熔胶枪把丝绒带粘在发箍上，如图17-28所示。

图 17-26

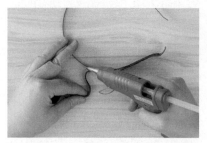

图 17-27

图 17-28

④ 取一种丝带对折固定，如图17-29所示。

⑤ 制作3份一样的丝带，如图17-30所示。

⑥ 把3份做好的丝带交错3个方向叠在一起，并手缝固定，如图17-31所示。

图 17-29

图 17-30

图 17-31

⑦ 用同样的方法制作出另一份其他颜色的丝带后，把两种丝带叠在一起，并缝合固定，如图17-32所示。

⑧ 在花的中间缝一颗装饰扣，如图17-33所示。

⑨ 在花的背后打上热熔胶，如图17-34所示。

图 17-32

图 17-33

图 17-34

⑩ 把花粘在发箍合适的位置上，如图17-35所示。

⑪ 完成作品，如图17-36所示。

图 17-35

图 17-36

① 准备好材料和工具：丝带、发夹、装饰扣、珠子、针线、打火机和热熔胶枪，如图17-37所示。

图 17-37

② 丝带边用打火机烤一下以免丝带滑丝，如图17-38所示。

图 17-38

③ 将丝带向内对折，如图17-39所示。

图 17-39

④ 将丝带中间捏在一起并固定，如图17-40所示。

图 17-40

⑤ 用线绕几圈固定住蝴蝶结中间，如图17-41所示。

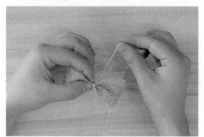

图 17-41

⑥ 用同样的方法制作出黑色丝带蝴蝶结后，把两层蝴蝶结用线绑在一起，如图17-42所示。

图 17-42

⑦ 在蝴蝶结中间钉上一颗装饰扣进行装饰，如图17-43所示。

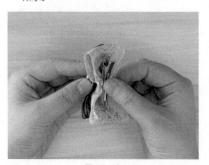

图 17-43

⑧ 可选择在蝴蝶结周围装饰一些珠子，如图17-44所示。

图 17-44

⑨ 用热熔胶枪给发夹上好胶，如图17-45所示。

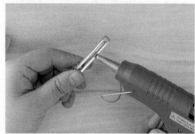

图 17-45

⑩ 把蝴蝶结和发夹固定在一起，如图17-46所示。

图 17-46

⑪ 完成作品，如图17-47和图19-48所示。

图 17-47

图 17-48

① 准备好材料：蝴蝶结、丝绒带、镂空花边、黑纱，如图 17-49 所示。

② 将黑纱抽褶，如图 17-50 所示。

③ 把镂空花边压缝在黑纱上，如图 17-51 所示。

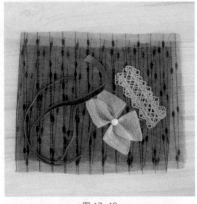

图 17-49

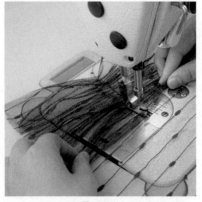

图 17-50

图 17-51

④ 将丝绒带从花边中穿过，如图 17-52 所示。

⑤ 用蝴蝶结装饰，如图 17-53 所示。

图 17-52

图 17-53

⑥ 完成作品，如图 17-54 所示。

图 17-54

① 准备好材料：布料、衬、蕾丝花边、织带、发夹，如图 17-55 所示。

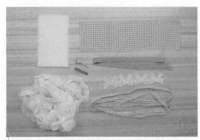

图 17-55

② 烫衬布料，使其变硬，如图 17-56 所示。

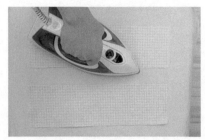

图 17-56

③ 把蕾丝花边放在外层布料上的合适位置，如图 17-57 所示。

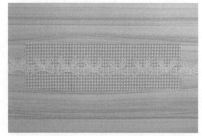

图 17-57

④ 用缝纫机把蕾丝花边固定在外层布料上，如图 17-58 所示。

图 17-58

⑤ 把织带放在里层布料上的合适位置，用来放发夹，如图 17-59 所示。

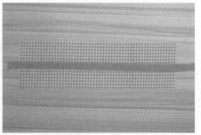

图 17-59

⑥ 车缝固定织带，中间留一点用来放发夹，如图 17-60 所示。

图 17-60

⑦ 在外层布料上放好另一种蕾丝花边和织带，用来进行装饰，如图 17-61 所示。

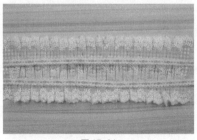

图 17-61

⑧ 用缝纫机缝上花边，如图 17-62 所示。

图 17-62

⑨ 剪去多余的花边，如图 17-63 所示。

图 17-63

⑩ 在剪去花边的地方压缝同色系织带进行装饰，如图 17-64 所示。

图 17-64

⑪ 把装饰好的花边往内折，以漏出缝份，如图 17-65 所示。

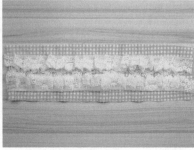

图 17-65

⑫ 将两份布料正面相对，如图 17-66 所示。

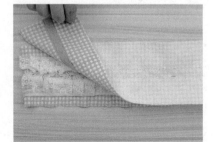

图 17-66

⑬ 边缘的花边也往内折，避免误缝，如图 17-67 所示。

⑭ 两份布料正面相对缝合四边并留出翻口，如图 17-68 所示。

⑮ 从翻口处把发带翻到正面，如图 17-69 所示。

图 17-67

图 17-68

图 17-69

⑯ 手缝缝合翻口处，尽量避免留下线迹，如图 17-70 所示。

⑰ 在发带两边缝上蝴蝶结和带子进行装饰，如图 17-71 所示。

图 17-70

图 17-71

⑱ 完成作品，如图 17-72~ 图 17-74 所示。

图 17-72

图 17-73

图 17-74

17.6 Bonnet 制作

① 准备好材料：弧形帽子片、长条帽子片、多种蕾丝花边、银丝雪纺、丝带、布料、硬衬和装饰珠子，如图 17-75 所示。

图 17-75

② 用熨斗将弧形帽子片烫硬，如图 17-76 所示。

图 17-76

③ 用熨斗将长条帽子片烫硬，如图 17-77 所示。

图 17-77

④ 将蕾丝花边抽褶并装饰在弧形帽子片内层，如图 17-78 所示。

图 17-78

⑤ 将银丝雪纺抽褶并装饰在长条帽子片上，如图 17-79 所示。

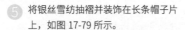

图 17-79

⑥ 将银丝雪纺抽褶并装饰在弧形帽子片外层，如图 17-80 所示。

图 17-80

⑦ 用缝纫机将布料固定在外层帽檐的外弧线处，如图 17-81 所示。

图 17-81

⑧ 剪去多余的布料，如图 17-82 所示。

图 17-82

⑨ 把蕾丝花边放在长条帽子片上的合适位置，如图 17-83 所示。

图 17-83

⑩ 用缝纫机把蕾丝花边固定在长条帽子片上，并剪去多余的蕾丝花边，如图17-84所示。

图 17-84

⑪ 把蕾丝花边放在内层帽檐的外弧线处，如图17-85所示。

图 17-85

⑫ 车缝固定蕾丝花边，如图17-86所示。

图 17-86

⑬ 在内层帽檐的内弧线处装饰蕾丝花边，一边打褶一边车缝固定，如图17-87所示。

图 17-87

⑭ 在内层帽檐的外弧线处缝合小花边，花边朝里，如图17-88所示。

图 17-88

⑮ 在外层帽檐的内弧线处装饰蕾丝花边，如图17-89所示。

图 17-89

⑯ 从长条帽子片的镂空花边中穿过丝带，进行装饰，如图17-90所示。

图 17-90

⑰ 内层帽檐装饰完成，如图17-91所示。

图 17-91

⑱ 外层帽檐装饰完成，如图17-92所示。

图 17-92

⑲ 外层帽檐和内层帽檐正面相对，如图17-93所示。

图 17-93

⑳ 缝合外层帽檐和内层帽檐的外弧线处，如图17-94所示。

图 17-94

㉑ 在长条帽子片的内层缝上一根织带，留出放夹子的位置，如图17-95所示。

图 17-95

㉒ 翻到帽檐正面（外层效果），如图 17-96 所示。

图 17-96

㉓ 翻到帽檐正面（内层效果），如图 17-97 所示。

图 17-97

㉔ 展示长条帽子片的外层效果，如图 17-98 所示。

图 17-98

㉕ 在长条帽子片内层装好夹子，如图 17-99 所示。

图 17-99

㉖ 长条帽子片内外层正面相对，之间夹着帽檐的内弧线，如图 17-100 所示。

图 17-100

㉗ 被夹住部分的效果如图 17-101 所示。

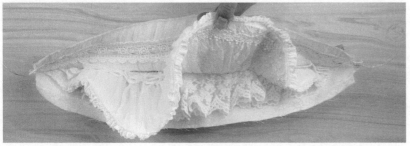

图 17-101

㉘ 车缝固定这一边，如图 17-102 所示。

图 17-102

㉙ 准备两根丝带放在帽子两边，如图 17-103 所示。

图 17-103

㉚ 用珠针先固定两边，如图 17-104 所示。

图 17-104

㉛ 车缝帽子两边，如图 17-105 所示。

图 17-105

32 车缝好后翻到正面，如图 17-106 所示。

33 手缝固定长条帽子片的上边，尽量少露出线迹，如图 17-107 所示。

34 装饰几个蝴蝶结在内层帽檐上，也可以装饰一些珠子在上面，如图 17-108 所示。

图 17-106

图 17-107

图 17-108

35 完成作品，如图 17-109~图 17-111 所示。

图 17-109

图 17-110

图 17-111